万 物 原 理

关于客观世界的10个答案

[美] 弗兰克·维尔切克 著

柏江竹 高苹 译

中信出版集团 | 北京

图书在版编目（CIP）数据

万物原理 /（美）弗兰克·维尔切克著；柏江竹，
高苹译 . —北京：中信出版社，2022.1（2022.11重印）
书名原文：Fundamentals: Ten Keys to Reality
ISBN 978–7–5217–3625–0

I.①万… II.①弗… ②柏… ③高… III.①物理学
－普及读物 IV.① O4–49

中国版本图书馆 CIP 数据核字（2021）第 194564 号

万物原理
著者： ［美］弗兰克·维尔切克
译者： 柏江竹 高苹
出版发行：中信出版集团股份有限公司
（北京市朝阳区惠新东街甲 4 号富盛大厦 2 座 邮编 100029）
承印者： 北京诚信伟业印刷有限公司

开本：880mm×1230mm 1/32 印张：8.5 字数：150 千字
版次：2022 年 1 月第 1 版 印次：2022 年 11 月第 10 次印刷
京权图字：01–2020–5003 书号：ISBN 978–7–5217–3625–0
定价：68.00 元

版权所有 · 侵权必究
如有印刷、装订问题，本公司负责调换。
服务热线：400–600–8099
投稿邮箱：author@citicpub.com

比和经验法则。与马斯克经常打嘴仗的投资家芒格，同样是物理学爱好者，他认为"永远用最基本的方法去寻找答案"是一个伟大的传统。两位人生赢家用物理学思维在各自的领域里实现了非凡成就。

有趣的是，本书作者原本是想拆开万物找到所有事物的最基本颗粒，却没有失去人性中最温情、最强大的那一面。弗兰克·维尔切克教授不是还原论和第一性原理的"原教旨主义者"，他理解和接受人工智能在棋类游戏里强大的无意识知识，又赞美人类那种"进化和机器所不具备的特殊特质"，即："能够识别自身理解中的空白，并且从填补空白的过程中获得快乐"。他认为"体验神秘感和力量感是再美好不过的事了"。

这本书给了我相当多启发。作者试图去探寻万物最底层的秘密，在诸多最前沿的命题之间自由跳跃。这不只是宝贵的关于大物理的思维训练，也是科学的启蒙，与人文的点亮。那些元命题与你我的命运密切相关：不只是满足当下的欲望，更关乎超越人类局限的广阔未来。

万物原理：现实比小说更奇妙

陈佳君　剑桥大学物理学博士，公众号"原理"联合创始人

　　你正在阅读的这本书，你手上的笔，桌上的咖啡杯……你所知所见的一切都是由原子构成的。这是大部分人都知道的事实。但你是否曾好奇过，一个人的身上包含的原子数量大致会是多少？理论物理学家、诺贝尔物理学奖得主弗兰克·维尔切克在他的新书《万物原理》中给出的答案是 10^{28} 个——这比可见宇宙中的恒星总数还要多得多！他写道："在这个非常具体的意义上，可以说有一个宇宙栖居于我们内部。"

　　那么，在原子的内部又有什么呢？物理学家"剥开"原子，发现原子其实是由更基本的粒子构成的。这些基本粒子行为诡异，遵循着一套有悖于日常经验的物理定律。在所有这些令人费

解的行为中，其中就有一项与维尔切克获得诺奖的工作有关。

原子的核心是质子和中子，而它们又是由更基本的夸克构成的。在强力的作用下，夸克会被牢牢地束缚在质子或中子内。在原子核尺度内，相比于我们更加熟悉的引力和电磁力，强力的作用是非常强大的，以至于夸克永远不会独立存在。1973年，在研究生时期的维尔切克和他的导师戴维·格罗斯发现，当夸克彼此之间靠得非常近的时候，它们之间的作用力会变得非常微弱，以至于夸克的行为就好像是自由粒子一般。而当夸克被分开，距离越来越远的时候，它们之间的力又会越来越强。这一现象被称为"渐进自由"。

对于原子而言，渐进自由只是发生在它内部的奇妙事件之一。而对于维尔切克而言，渐进自由的工作仅仅只是他创造力的开端。今天，物理学中有三个非常热门的研究领域与他的工作有关。

在渐进自由之后，维尔切克的第一个重要想法诞生于1978年，他与史蒂文·温伯格独立发现了一种全新的假想粒子——轴子。近年来，轴子成为热门概念，全世界的科学家都在寻找它。这是因为它与宇宙中的一个巨大谜团有关。越来越多的天文观测表明，在宇宙的各个角落都应该遍布着我们无法直接看见的神秘暗物质。同时，大部分的物理学家认为，暗物质应当是种未被发现的全新粒子。维尔切克在书中写道："轴子的性质让它成为宇宙中暗物质组成部分的候选人：它们与普通物质以及自身的相互作用都非常微弱。"

维尔切克的第二个工作仍然与粒子有关，只不过这种粒子与我们在上面提到的都不一样，它是一种只存在于二维系统中的准粒子。大约40年前，维尔切克提出这种准粒子，并将其命名为任意子。然而，任意子的实验证据直到2020年才被找到。任意子有巨大的潜力，"人们希望利用任意子作为量子计算机的组件，因为这样可以利用它们的记忆来存储和操纵信息"。

他的第三个工作于近十年做出。2012年，他预言了一种全新的物质状态——时间晶体。晶体中的原子会在空间中以重复的方式排列，时间晶体也遵循这种重复模式，只不过这种模式并不出现在空间上，而是在时间上。"足够复杂的时间晶体可以重复地运行一个精细的程序，以此驱动其中包含的人工智能。"仅仅过了几年，时间晶体就被创造出来了。在理论物理学领域，一些著名的预言，比如任意子、希格斯玻色子和引力波，从被提出到被实验证明往往需要数十年甚至上百年的时间。然而，在不到十年的时间里，时间晶体就经历了从理论被提出、质疑、修正，到最终被创造的过程，这是非常不可思议的速度。

今天，维尔切克仍然活跃于这些研究领域。他的诸多奇思妙想完美地印证了现实有时比科幻小说更加诡谲精彩。而当一个人的脑海中总是在思考着一些听起来不可思议却又真实存在的事物时，你很难不会想要进一步了解他的思想。幸运的是，维尔切克乐于与更多的人分享他的见解。正如他在《万物原理》一书中所说，在写这本书时，他的"心里始终装着我好奇的朋友们和他们的问题"。

阅读《万物原理》是一次美妙的体验。当你感叹我们的身体里容纳着一个宇宙时，你又会发现，相比于宇宙的浩瀚，我们自身又是多么渺小。当你惊叹于万物仅仅只是由一些基本粒子构成的时候，你又会发现，引力的不稳定性会将这极少的简单成分编织成一个个无比复杂的结构。当你认为你已经掌握了空间、时间、物质、能量等诸多物理现实时，你会发现，原来宇宙中还有95%是完全未知的。

从宇宙的开端到万物的未来，从极小的普朗克尺度到极为宏大的星系，欢迎来到维尔切克谱写的富有哲理的奇妙世界。

献给贝茜

启 示

成群结队的人，

消磨着千篇一律的生活。

出生、学习、爱，还有自然而然流逝的岁月——

天赋并不是我们后天所获，

限制也并非出自我们之手。

空间在寂静中扩张，超出了我们的掌握。

天体星罗棋布，

按照理想定律向外广播。

但它们的语言不是摇篮曲里唱的言语。

时间就是变化，不偏不倚。

文物古迹向我们诉说着时间的广阔，

小巧精致的时钟表明时间生机勃勃。

时间的起源比我们早得多，

时间也将比我们长寿得多。

我在心中让整个世界焕然一新，

你永远是最珍贵最亲密的瑰宝。

目　录

重 生

I

这本书讲的是我们可以从对物理世界的研究中学到哪些最基本的道理。我遇到过许多人，他们对物理世界很好奇，也很想知道现代物理学是如何描述它的。他们可能是律师、医生、艺术家、学生、教师、父母，或者单纯只是好奇的人。他们拥有智慧，但缺乏知识。在这里，我试图用尽可能简单的方式传达现代物理学的核心信息，同时避免牺牲准确性。我在写这本书的时候，心里始终装着我好奇的朋友们和他们的问题。

于我而言，这些基本定律不仅仅包括概述物理世界如何运行的简单事实。诚然，这些事实既强大又奇丽，但是帮助我们发现它们的思维方式同样是一个伟大的成就。根据这些基本定律，我们人类在这个宏大图景里扮演着什么角色？这是个很重要的问题。

II

我选择了十条宽泛的原理作为我的基本原理，每条形成了一章的主题。我会从不同角度解释和证明每一章的主题，然后对它未来的发展做出一些有根据的推测。这些推测颇为有趣，我也希望它们读来令人激动。我想通过它们传达出的另一层基本信息是：我们对物理世界的理解仍处于增长和变化之中。它是有生命力的。

我仔细区分了事实和推测，以此表明我们建立这些事实所采用的观测和实验的本质。也许最基本的信息是，我们的确对物理世界的许多方面都有非常深刻的理解。正如阿尔伯特·爱因斯坦所言："宇宙是可理解的，这个事实是一个奇迹。"这也是一个来之不易的发现。

正因为物理宇宙的可理解性如此令人惊讶，它不能被假定，而必须被证实。最有说服力的证据是，我们的理解尽管还不完备，但也让我们达成了许多伟大而惊人的成就。

在研究中，我试图填补我们理解上的空白，努力设计新的实验以推进可能性的前沿。对我来说，写这本书是一件快乐的事情，它让我回顾和反思一代代科学家和工程师在跨越时空的合作中达成的一些突出成就，同时也为之惊叹。

III

这本书也能为传统宗教的激进主义思想提供一个替代方案。它提出的基本问题与宗教相同，但解决它们的方式是参考物理现实，而非借助文本或传统。

有很多我尊敬的科学伟人都是虔诚的基督徒，如伽利略·伽利雷、约翰内斯·开普勒、艾萨克·牛顿、迈克尔·法拉第、詹姆斯·克拉克·麦克斯韦。（在这方面，他们代表了他们所处的时代和环境。）他们认为可以通过研究上帝的杰作来接近和尊敬他。爱因斯坦尽管并不信仰传统意义上的宗教，但也有类似的态度。他常常提到上帝（或者"那个老人"），正如他最著名的格言所言："上帝难以捉摸，但并不心怀恶意。"

他们以及此时此刻的我所抱有的进取精神，都超越了特定的教条，无论是宗教的还是反宗教的。我喜欢用这种方式来陈述它：通过研究世界如何运行，我们研究上帝如何工作，并因此了解上帝为何。在这个精神下，我们可以将对知识的寻求理解为一种崇拜，而将我们的发现理解为一种启示。

IV

写这本书改变了我对世界的看法。它开始只是一份阐述，但后来发展为一种沉思。当我反观写作材料的时候，两个包罗万象的主题出乎意料地展现在我眼前。它们的清晰与深刻令我震惊。

第一个主题是丰富。世界很大。当然，在晴朗夜空仰望苍穹足以让你感受到空间之广阔。而经过更加仔细的研究，在了解了空间尺度的数字以后，你的头脑更是会被震惊到不知所措。但是空间的浩渺只是自然之丰富的一个方面，而且它并不是人类经验中最核心的方面。

首先，正如理查德·费曼所言："于微纳处天地宽。"我们每个人体内都包含了远比可见宇宙中的恒星数量还多的原子，我们的大脑包含的神经元数量也和我们星系中的恒星数量相当。内在宇宙为外在宇宙提供了有价值的补充。

空间如此，时间亦如此。宇宙的时间也很丰富。在追溯到大爆炸的时间长度面前，人类的寿命顿时变得不值一提。然而，我们将讨论到，人完整的一生所包含的有意识的瞬间，远多于宇宙历史包含的人类寿命的数量。我们被赋予了丰富的内在时间。

物理世界也充满了此前未被开发的资源，供人们创造和感知。科学表明，我们周遭的世界包含的已知可利用的能源和材料远多于人类当前正开发的。认识到这一点，可以赋予我们力量，也应当能激励我们的雄心壮志。

在没有辅助的情况下，我们只能感知到科学探索揭示的现实中很小的部分。以视觉为例，我们的视觉感受是我们与外部世界间最宽广和最重要的接口，然而它对太多东西视而不见了。望远镜和显微镜揭示了海量的信息，这些不为人知的宝藏编码于我们肉眼通常无法察觉的光线之中。另外，在电磁辐射谱这个无限长的键盘上，我们的视觉仅限于可见光这一个八度范围，它的一侧是从无线电波到微波再到红外线，另一侧是从紫外线到X射线和伽马射线。即使在我们可见的这个八度范围内，我们的颜色视觉也是模糊的。尽管现实有诸多方面是我们的感觉不能认识的，但我们的头脑让我们超越了自身的天然极限。拓宽认知的大门是一场伟大而持续的冒险。

V

第二个主题是，我们必须"重生"才能正确地欣赏物理宇宙。

当我在充实这本书的内容时，我的外孙卢克出生了。在撰写草稿期间，我开始观察他人生的最初几个月。我看到他睁大眼睛研究自己的双手，并开始意识到自己可以控制它们。我看到他学会伸出手抓住外界物体时感到的快乐。我观察到他用物体做实验，扔掉它们又寻找它们，他不断重复这个过程，好像是不太确定会得到什么结果似的，然后在找到它们时又快乐地笑起来。

通过这些和许多其他的方式，我可以看到卢克正在为世界建立一个模型。他用永不知足的好奇心和极少的先入之见接近它。通过和世界互动，他学到了几乎所有成人都认为理所当然的事情，比如世界分为自我和非自我，思维可以控制自我的运动而不能控制非自我的运动，以及我们可以观察物体而不会改变它们的性质。

婴儿就像小小科学家，做实验并得出结论。但以现代科学的标准，他们做的实验非常粗糙。婴儿没有使用望远镜、显微镜、质谱仪、磁力计、粒子加速器、原子钟以及其他任何我们用来构造我们最真实也最精确的世界模型的仪器。他们感受到的温度仅限于一个小范围内，他们沉浸在一种化学成分和压强非常特殊的大气中，地球引力把他们（和环境中的一切）往下拉，同时地球表面支撑着他们，等等。

婴儿会建立一个世界模型，来解释在他们感知和环境限制下的经验。从实用的目的来说，这种方法很合适。在我们还是孩子的时候，从日常世界中学习以应对它，这种方式是有效且合理的。

但是现代科学揭示的物理世界与我们婴儿时期建立的模型全然不同。如果我们再次向世界敞开心扉，充满好奇，摒弃先入之见——如果我们让自己得以重生——我们就能以完全不同的方式理解世界。

有些东西，我们必须学习。比如，世界由 些基本组件构成，它们遵循严格但奇怪且陌生的法则。

而有些东西，我们必须抛弃。

毕竟，量子力学向我们揭示了，你不可能观察一个东西而不改变它。每个人接收到的来自外部世界的信息都是独一无二的。想象你和一位朋友坐在一个非常暗的房间里观察一束昏暗的光线。将这束光调得非常非常暗，比如用多层布料蒙在它上面。最终，你和你的朋友只能看到间歇性的闪光。但是你们看到闪光的时间是不同的。光已经被分解为单个量子，而每个量子不能被共享。在这个基本层面上，我们感受到的世界是不同的。

心理物理学则揭示，意识并不指挥绝大多数行动，而是处理由执行行动的无意识单元提供的报告。使用一种叫作经颅磁刺激（TMS）的技术，实验员可以选择刺激受试者的左脑或右脑的运动中枢。对右运动中枢施加一个特定的TMS信号会导致一次左手腕的抽动，而对左运动中枢施加一个特定的TMS信号会导致一次右手腕的抽动。阿尔瓦罗·帕斯夸尔–莱昂内（Alvaro Pascual-Leone）在一个具有深远意义的简单实验中巧妙地使用了这种技术。他让受试者在收到一个提示时决定他们想要抽动左手还是右手的手腕，并在收到另一个提示的时候执行他们的意图。

如果他们已经决定抽动右手腕，他们的左运动区就会活跃；如果他们已经决定抽动左手腕，他们的右运动区就会活跃。通过这种方式，研究人员可以在运动发生前预测受试者做出了何种选择。

然后，揭示真相的转折出现了。帕斯夸尔-莱昂内偶尔会施加一个TMS信号来反驳（并最终推翻）受试者的选择。然后，受试者抽动的就会是TMS强加的那只手，而非自己最初选择的那只手。更引人注目的是受试者如何解释发生的一切。他们并没有报告说某个外力控制了他们，相反，他们说的是："我改主意了。"

细致的物质研究揭示，构成我们身体和大脑——"自我"的物理平台——的东西和构成"非自我"的东西相同，而且似乎是紧密相连的，这违背了我们的一切直觉。

在我们婴儿时期急于理解事物的过程中，我们也学会了误解世界和自己。在通向深刻理解的航程中，有许多需要抛弃，也有许多需要学习。

VI

在重生的过程中，我们可能会迷失方向。但就像坐过山车一样，它同样令人兴奋不已。而且它还带来了一份礼物：以科学的方式重生之后，迎来的世界看起来新鲜、清晰而且惊人地丰富。它们实现了威廉·布莱克的愿景：

一沙一世界，一花一天堂。

无限掌中置，刹那成永恒。

I

宇宙是一个奇怪的地方。

对新生婴儿来说，世界呈现出一堆杂乱而令人困惑的印象。在整理这些印象的过程中，一个婴儿很快学会了区分来自内部世界和外部世界的信息。内部世界既包括诸如饥饿、痛苦、幸福和困倦的感受，也包括梦中的虚幻世界。这其中也有来自内心的想法，这些想法引导着她凝视、抓取东西和随后学会说话。

外部世界是通过智力精心构造而成的。婴儿要花大量时间来完成这一建构。她学会通过自己的感知识别出稳定的模式，这些模式不像她自己的身体那样可以对自己的想法做出可靠的反应。她把这些模式整合到物体中，并了解到这些物体的行为有某种可预测性。

最终，婴儿长成小孩，开始意识到一些物体是和她自己相似的生物，而且她还可以与之交流。在和这些生物交换信息之后，她确信他们也体验到了内部和外部世界，而且重要的是她和其他生物认识到的许多物体都是相同的，这些物体都遵循相同的规律。

II

理解如何控制共同的外部世界，即物理世界，在许多方面当然是一个至关重要的实践问题。例如，为了在狩猎采集的社会里茁壮成长，小孩必须学会在何处找水，了解哪种植物和动物可以吃，以及如何寻找、养殖或捕猎它们，知道如何准备和烹饪食物，以及许多其他事实和技能。

在更复杂的社会里，还会出现别的挑战，例如如何制作专门的工具、如何修建耐用的结构，以及如何记录时间。对于物理世界提出的问题，一代又一代的人发现了成功的解决方案，这些知识被不断分享和积累，成为每个社会中的"技术"。

非科学的社会常常发展出丰富而复杂的技术。一些技术令人们得以在像北极或卡拉哈里沙漠那样的艰苦环境中繁衍发展，而且至今仍在发挥作用。还有一些技术帮助人们建造了巨大的城市和引人注目的纪念碑，例如埃及和中美洲的金字塔。

但是，在科学方法出现之前的绝大部分人类历史中，技术的发展是没有计划的。成功技术的出现，多多少少都是出于偶然。一旦被偶然发现，它们就以非常具体的程序、仪式和传统的形式被人们所传承。它们并没有形成逻辑体系，人们也没有通过系统的工作来改进它们。

基于经验法则的技术使得人们可以生存、繁衍并时常享受闲暇，过着令人满意的生活。在大多数文化和历史中，对大多数人来说，这就足够了。人们无法知道他们错过了什么，也不会知道他们错过的东西可能对他们很重要。

但是我们现在知道，他们错过了很多。下面这张展示了人类生产力随时间发展的图充分地说明了一切。

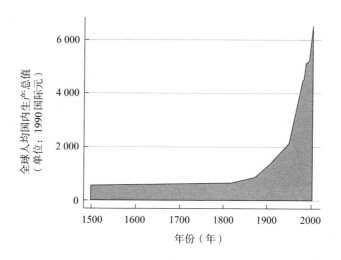

III

理解世界的现代方法出现在17世纪的欧洲。早前，在其他地方也出现过科学诞生的先兆，但直到17世纪的欧洲，被称作"科学革命"的一系列鼓舞人心的突破才真正说明了人类心灵创造性地参与到物理世界中能实现什么，而且产生这些突破的方法和态度也为人类未来的探索提供了清晰的模型。有了这种推动力，我们所知的科学才真正开始。它再也没有回头。

17世纪，人们在多个前沿学科的理论上和技术上取得了令人激动的进步，包括机械设备和轮船，光学仪器（包括意义重大的显微镜和望远镜），钟表，历法，等等。一个直接的结果是，人们可以驾驭更大的力量，看见更多的东西，更可靠地规划事情。但造就了所谓"科学革命"的独特性，并使其名副其实的本质原因，却不那么直接可感。它是一种观念上的改变：一颗新的雄心和一种新的自信。

开普勒、伽利略和牛顿发展的科学方法既保有了尊重事实和向大自然学习的谦逊准则，但这种方法又提倡人们大胆地将所学的知识应用到任何地方，甚至超出了原始证据所在范围。如果它有效，你就发现了有用的东西；如果它无效，你也学到了重要的东西。我将这种态度称作"激进的保守主义"。对我来说，它是"科学革命"的本质创新。

激进的保守主义是保守的，因为它让我们向大自然学习并尊重事实，这是科学方法的关键特征。但它也是激进的，因为它让你拼命把所学到的一切知识外推到别的情况下。这正是科学实际运作的本质，它为科学提供了前沿。

IV

这种新的观念的灵感主要来自一个学科，这个学科甚至在17世纪就已经有了深厚的传统和良好的发展：天体力学，即描述天空中的物体如何运动的学科。

远在有历史记载之前，人们就已经意识到诸如日夜交替、四季循环、月相盈亏和星辰排列的规律。随着农业的兴起，为了在最恰当的时间种植和丰收，记录季节变得非常关键。精确观测天体位置的另一个强大（但误入歧途）的动机——占星学——来自人类生命与宇宙的节奏直接相连的信念。无论如何，出于各种原因（也包括单纯的好奇），人们仔细地研究了天空。

结果表明，绝大多数星星都以一种合理简单、可预测的方式运动。今天，我们将星星在我们眼中的运动解释为地球绕自己的轴旋转的结果。恒星距离我们太过遥远，所以它们在距离上相对微小的改变对裸眼都不可见，无论改变来自它们自身的运动还是地球围绕太阳的运动。然而一些例外的天体并不遵循这个模式，它们是太阳、月亮和一些"漫游者"，包括裸眼可见的水星、金星、火星、木星和土星。

古代天文学家经过数代人的努力，记录了这些特殊天体的位置，最终学会了如何比较精确地预测它们的变化。这项任务需要进行几何学和三角学计算，遵循复杂但完全确定的方法。托勒密（约100—约170）把这些材料总结到一本叫作《至大论》（*Almagest*，又译《天文学大成》）的数学著作中。[*Magest*在希腊语中是最高级，意思是"最伟大的"。它和英语中的majestic（意为"宏伟的"）有相同的词根。*Al*只是阿拉伯语中的定冠词，类似于英语中的the。]

托勒密的综合论述是一个杰出的成就，但它有两个缺点。一是它非常复杂，因而看上去十分丑陋。特别是，用来计算行星运动的方法引入了许多纯粹由拟合计算和观测得到的数字，却没有更深刻的指导性原则将它们联系起来。哥白尼（1473—1543）注意到其中某些数字的值可以通过惊人的简单方式相互联系在一起。这些神秘的"巧合的"关系可以用几何来解释，前提是我们假设地球、金星、火星、木星和土星都以太阳为中心旋转（月球进一步围绕地球旋转）。

托勒密的综合论述的第二个缺点更加直接：它就是不精确。第谷·布拉赫（1546—1601）做了类似于今天的"大科学"的工作，设计了精密的仪器，花大量的钱修建了一座天文台，大大提高了对行星位置的观测结果的精确度。新的观测结果与托勒密的预言存在无可置疑的偏差。

约翰内斯·开普勒（1571—1630）想创造一个既简单又精确的行星运动几何模型。他吸收了哥白尼的想法，并对托勒密的模型做出了其他重要技术变革。尤其是，他允许围绕太阳的行星轨道偏离简单的圆形，代之以椭圆形，以太阳为一个焦点。他也允许行星围绕太阳运转的速率随它们与太阳的距离而变化，变化规律是它们在相同时间内扫过相同的面积。经过这些改革之后，这个系统简单多了，也更准确了。

与此同时，把目光转回地球表面，伽利略·伽利雷（1564—1642）仔细研究了简单形式的运动，例如球如何滚下斜面和钟摆如何摆动。这些对位置和时间计数的平凡研究看起来似乎完全不足以解决世界如何运行的宏大问题。对于伽利略那些关注宏大哲学问题的大多数学术同僚而言，这些问题看起来当然微不足道。但是伽利略渴望建立一种理解世界的新方式。他想要精确地理解某件事，而不是模糊地理解所有事。他要寻找确切的数学公式，以完全描述他平凡的观察结果，而他最终也找到了。

艾萨克·牛顿（1643—1727）将开普勒的行星运动几何学与伽利略对地球上运动的动力学描述结合在了一起。他证明开普勒的行星运动理论和伽利略的特殊运动理论都可以被理解为某种一般定律的特殊情况，这些一般定律适用于任何时间、任何地点的所有物体。这些一般定律现在被我们称为经典力学的牛顿理论，它不断取得成功，如解释了地球潮汐、预测了彗星轨迹，以及创造了新的工程奇迹。

牛顿的工作令人信服地表明，我们可以通过详细研究简单情形来解决宏大问题。牛顿将这个方法称为分析和综合。它是科学的激进的保守主义的原型。

这是牛顿自己对这个方法的看法：

> 在自然哲学里，和数学一样，用分析方法研究困难的事物，应当总是先于综合的方法。这种分析包括做实验和观察，并用归纳法从中引出普遍结论……用这样的分析方法，我们就可以将复合物拆解为各个成分，从运动追溯到产生运动的力；一般地说，从结果到原因，从特殊原因到普遍原因，一直到论证终结于最普遍的情况。这就是分析的方法。而综合的方法则假定原因已经找到，并且已被确立为原则，再用这些原则去解释此前出现的现象，并证明这些解释。

V

在我们介绍完牛顿之前，似乎适合再加上另一段引文，这段引文反映了牛顿与他的前辈伽利略和开普勒，以及与所有我们这些追随他们脚步的人之间的亲缘关系：

> 对任何一个人甚至任何一个时代，要解释所有的自然规律都是一个过于艰难的任务。所以最好做一点儿精确的工作，然后将剩下的留给后人。

现代信息科学的先锋之一约翰·皮尔斯（John Pierce）有一段时间上更为新近的引文，漂亮地抓住了现代科学对世界的理解方式与所有其他方法之间的明显差异：

> 我们要求我们的理论能解释非常广泛的现象，且在细节上都和谐一致。我们还坚持让它们为我们提供有用的指引，而不仅仅是把观察到的现象合理化。

皮尔斯深刻地意识到，提高这方面的标准要付出痛苦的代价。它意味着我们丧失了天真。"我们永远无法像希腊哲学家那样理解自然了……我们知道得太多了。"我认为，这个代价也不算太高。无论如何，开弓没有回头箭。

第一部分

世界有什么

丰富的空间

外在的丰富与内在的丰富

不管是可见的宇宙还是人类的大脑，当我们说某种东西很大的时候，我们得问问：相较于何物？最自然的参照便是人类日常生活的范围，这是我们自孩提时便建立的第一个世界模型的背景。而由科学所揭示的物理世界的范围，则需要我们"重生"才能发现。

按照日常生活的标准，外在的世界浩瀚无垠。如果我们在晴朗的晚上仰望繁星点点的夜空，便能直觉到这种外在的丰富。我们无须做任何细致的分析，便能感到宇宙之大远远超越了我们人类的身体以及可能旅行的距离。科学的理解不仅支持这种旷巨之感，而且进一步扩展了它。

世界的这个尺度会让人感到不知所措。法国数学家、物理学家和宗教哲学家布莱兹·帕斯卡（1623—1662）便心怀此念并深受折磨。他写道："宇宙通过空间囊括了我，吞没了我，使我犹如一个原子。"

这种类似于"寄蜉蝣于天地，渺沧海之一粟"的哀思是文学、哲学和神学中普遍的主题，它们出现在许多祷词和圣歌中。当我们用尺寸来衡量的时候，这种哀思是人类对自身之于宇宙微不足道的自然反应。

然而尺寸并非全部。我们内在的丰富虽然不那么显而易见，但其深邃渊博较之于外在丝毫不逊。我们从另一个极端自下而上地思考事物，便会发现这一点。微观世界有无垠的空间。在所有事关紧要之处，我们非常之大。

我们小学就学过，物质的基本结构单元是原子和分子。从这些单元来看，一个人的身体是巨大的。一个人的身体里包含的原子数量大概是 10^{28} 个——1 后面跟了 28 个 0：

10 000 000 000 000 000 000 000 000 000。

这个数字远远超过了我们可以设想的范围。我们可以将其命名为"穰"[①]，然后经过一些教学和练习，我们可以学会用它来计算。不过，由于我们绝无可能数到这么大的数，它便压倒了我

---

① 原文为 ten octillion，即一万亿亿亿，《孙子算经》中把这个数字称为"穰"。——译者注

们基于日常经验的直觉。设想如此多个点远远超出了我们大脑的承载能力。

在明朗无月的夜晚，我们裸眼可见的恒星数量最多也就几千颗。而另一方面，我们体内的原子总数有"一穰"，大概是整个可见宇宙中恒星数量的一百万倍。在这个非常具体的意义上，可以说有一个宇宙栖居于我们内部。

伟大的美国诗人沃尔特·惠特曼（1819—1892）本能地觉察到了我们内在之大。在他的《自我之歌》中，他写道："我心胸宽广，包罗万象。"惠特曼对内在之丰富的欢乐赞颂与帕斯卡对宇宙的羡慕一样，都基于客观事实，但前者与我们的实际体验更息息相关。

世界很大，但我们并不小。更准确地说，无论尺度放大还是缩小，都存在丰富的空间。我们不应该仅仅因为宇宙之大就羡慕它。我们亦很大。确切来说，我们大到足以将整个外在宇宙置于思维之中。帕斯卡也从这种洞见中获得了宽慰。在他发出"宇宙通过空间囊括了我，吞没了我，使我犹如一个原子"的哀叹之后，他自我安慰地写道："通过思想，我囊括了整个宇宙。"

空间之丰富——无论外在还是内在——是本章的主要话题。我们将会深入这个不可动摇的事实，然后再扩展性地探索一下。

外在的丰富：所知与如何得知

序章：几何与现实

对宇宙中距离的科学讨论基于我们对物理空间的理解，也依赖于测量距离的手段，这就属于几何学的领域了。因此，让我们先从几何与现实的关系讲起。

直观的生活经验教会我们，物体可以从一个地方移动到另一个地方而不改变其性质。这让我们把"空间"理解为一种容器，大自然将物体放置于其中。

测绘、建筑和导航中的实际应用让人们可以测量邻近物体之间的距离和角度。通过这样的工作，人们发现了欧氏几何中呈现出来的规则。

随着实际应用变得越来越广泛，越来越复杂，这个理论框架一直保持着令人瞩目的有效性。作为一套对物理现实的描述，欧氏几何是如此成功，其逻辑结构是如此美妙，以至于几乎没有人尝试严格检验它的有效性。在19世纪早期，史上最伟大的数学家之一卡尔·弗里德里希·高斯（1777—1855）认为值得对它做一次真实的检验。他测量了德国三座遥远的高山测量站之间的夹角，发现它们加起来在误差范围内正好是180°，这和欧几里得的预测一致。今天的全球卫星定位系统（GPS）也是基于欧氏几何。它每天都会在更大尺度上，以更高的精度执行上百万次像高斯这样的实验。让我们来看看它是怎么工作的。

为了通过GPS获得你的位置，你需要接收一批位置已知的人造卫星发出的广播信号（我们之后会解释如何知道它们的位置）。目前世界各地已经战略部署了超过30颗这样的人造卫星。它们的无线电广播并不能被转译为谈话或者音乐，只是简单地用计算机特有的数字信号发射它们的位置。信号中也包括了时间戳，告知信号何时发出。每颗卫星都携带一个顶级的原子钟，以保证时间戳的准确性。GPS获取位置的步骤如下：

1. 你的GPS设备接收器会获得一些卫星的信号。这个设备同时还可以获取陆地上广泛分布的时钟网络的信号，用来计算不同卫星的信号到达设备的时间。由于信号的传播速度已知为光速，有了信号传递的时间就可以确定卫星的距离。

2. 利用这些距离、卫星的位置，还有欧氏几何，计算机就可以通过三角测量法唯一地确定你的位置。

3. 计算机将结果报告给你，这样你就知道了你的位置。

GPS的完整运行过程还包括一些巧妙的精细修正，但以上就是它的核心思路。这个系统与阿尔伯特·爱因斯坦在他的狭义相对论原始论文中关于参照系的"思想实验"显示出一种神秘的相似性。1905年，他期待用光线和信号传递的时间来绘制空间位置。爱因斯坦之所以青睐这个想法，是因为它利用了光速恒定这一基本物理规律来绘制空间。科技最终找到了一种方式来实现思想实验。

下面做一项视觉想象的练习：你可以试着想明白，为什么知道了4颗位置已知的卫星与你的距离，你就一定能知道自己的位置。

（提示：与一颗卫星距离固定的点都在以这颗卫星为球心的球面上。如果你取两个以各自卫星为球心的球面，它们要么相交，相交的点形成一个圆，要么不相交。由于你的位置在它们的交叉区域，它们显然会相交。现在考虑对应于第三颗卫星的球面如何与这个圆交叉。一般来说，它们会交于两点。最后，第四颗卫星的球面会选出这两个点之一为你的位置。）

现在，让我们回到GPS卫星如何知道它们自己的位置这个问题。尽管技术上的细节很复杂，但核心思想却很简单：它们从已知的地点出发，然后追踪自己的运动轨迹。把这两部分信息结合起来，它们就可以计算出自己的位置。

具体而言，卫星使用搭载的陀螺仪和加速度计（和你苹果手机里的类似）来监控自己的运动。从这些仪器的反馈中，卫星的计算机可以利用牛顿力学来读取卫星的加速度，然后利用微积分计算出卫星移动的距离。事实上，牛顿正是为了解决这样的问题才发明了微积分。

如果你重新审视所有的步骤，你会发现工程师在设计全球卫星定位系统的过程中，依赖于许多并不显然的假设。这个系统依赖于光速恒定的想法。它使用了原子钟来精确记录时间，而设计原子钟并利用它计算时间又基于高深的量子理论原理。它还使用了经典力学的工具来计算部署的卫星位置。广义相对论预测时钟走的速度会随着它们距离地面的高度不同产生细微的变化，靠近地表的时钟由于引力更强而走得稍慢，因此它也要对此效应做出修正。

既然GPS依赖于这么多欧氏几何之外的其他假设，我们并不能称它提供了一个对几何学准确而纯粹的验证。事实上，GPS的成功并不是对任何一个原理准确而纯粹的验证。它是一个基于相互纠缠的假设网络而设计的复杂系统。

这些假设中的任何一个都可能不正确，或者委婉地说，都只是近似正确。如果其中任何一个被工程师认为"近似正确"的假设包含重大的错误，GPS就会给出前后矛盾的结果。比如，通过不同组合的卫星来进行三角测量，你得到的自己的位置也不一样。频繁多次使用就可以揭示隐藏的缺陷。

反过来看，在GPS的工作这件事上，它的成功加强了我们对所有基本假设的信心。这其中也包括了欧氏几何可以在很高的精度上描述地球尺度的真实空间几何这一假设。到目前为止，GPS完美无缺地运行着。

更一般来说，科学也是这样建立的。最先进且新奇的实验和技术都依赖于相互纠缠的基本理论的网络。这些新奇的应用若行之有效，就会提高我们对其背后网络的信心。对基本原理的理解形成了一个相互纠缠、相互加强的思想网络，这将是后文中反复出现的主题。

在这个序章结束之前，我必须补充一个限定条件。对我们将要考虑的浩渺的宇宙尺度，或者极高的精度，又或者在黑洞附近，欧氏几何就不再和现实一致。阿尔伯特·爱因斯坦在他的狭义相对论（1905年）和广义相对论（1915年）中，揭示了欧氏几何在理论上的缺陷，并提出了克服这些缺陷的方法。从那时起，他的理论思想已经在许多实验中得到证实。

爱因斯坦在狭义相对论中告诉我们，我们需要仔细考虑要测量的"距离"到底是什么，以及如何测量它。实际的测量需要花费时间，而物体可以在此期间移动。我们能测量的实际上是事件之间的间隔。事件总是发生于空间和时间的某处。事件的几何特征不能只构建于空间的框架之中，而必须构建于更大的时空之中。在广义相对论中，我们进一步了解到时空的几何形状可以受物质或者穿过它的形变波的影响而扭曲（详见第4章和第8章）。

在更全面的时空和相对论的框架中，欧氏几何成为一个对更精确的理论的近似。它在上述的许多实际应用中已经足够精确。测绘员、建筑师和太空项目的设计师都使用欧氏几何，因为它够用且易用。更全面的理论尽管更精确，使用起来却也更复杂。

欧氏几何不能提供一个完整的现实的模型，但这并不会减损其数学上的自洽性，也不会让它的诸多成功失去价值。但是它的确证实了高斯检验其是否符合事实的思路，即激进的保守主义思路。几何与现实之间的关系是一个要由大自然来解决的问题。

测绘宇宙

测量了周遭的空间，我们就可以进一步测绘宇宙。这项工作用到的主要工具是各种各样的望远镜。除了人们熟悉的利用可见光的望远镜，天文学家还会使用其他望远镜，汇集电磁波光谱中其他部分的"光"，包括无线电波、微波、红外线、紫外线、X射线和伽马射线。还有一些更独特的看向天空的"眼睛"，它们不基于电磁辐射，其中就包括最近新加入的引力波探测器。我会在后面的章节中详细介绍。

让我先重点介绍我们在宇宙测绘中得到的一些令人惊叹的简单结论，然后再回顾天文学家是如何得出这些结论的。得出结论的过程较为复杂，但考虑到这个问题的背景，也依然简单得令人惊讶。

最为基础的结论是，我们发现任何地方都有同一种物质。另外，我们观测到任何地方也都受同一组自然定律的支配。

其次，我们发现物质被组织为一个层级结构。在天空的每一处，我们都能看到恒星。它们倾向于聚集在一起，形成一般包含几百万到几十亿颗恒星的星系。我们的恒星太阳拥有一系列行星和卫星作为随从（还有彗星、小行星、美丽的土星环以及其他碎屑）。最大的行星木星拥有的质量大约为太阳的千分之一，而地球的质量只有太阳的百万分之三。尽管它们的质量所占的比例微不足道，行星和它们的卫星在我们心中却有举足轻重的地位。我们本身就生活在一颗行星上，当然有理由猜测其他行星也可能支持新的生命形式。哪怕它们不在我们的太阳系，也会在其他地方。天文学家长期以来都猜测其他恒星也有行星，但是直到最近才发展出了足够的技术能力去探测它们。到目前为止，已经有几百个系外行星被发现，而且新的发现还在持续涌现。

最后，我们发现所有这些东西都被几乎均匀地撒在空间中。我们发现，在所有方向和所有距离上，星系的密度都大致相同。

之后我们会细化和补充这三个基本结论，尤其会谈到大爆炸、暗物质和暗能量。但是核心信息不变：同种物质，以同种方式组织起来，并以巨大的数量均匀地分散在可见的宇宙中。

现在你可能很想知道天文学家是如何得出如此广泛的结论的。我们不妨来仔细看看，并填上尺度和距离的具体数值。

测量非常遥远的物体的距离乍一看并不容易。显然，你不能在天空中摆下尺子、拉出卷尺或者监控带有时间戳的无线电信号。天文学家转而使用了一种自举（bootstrap）技巧，叫作"宇宙距离阶梯"。阶梯的每一级都将把我们带到更远的距离，我们利用对某一级的理解来为理解下一级做准备。

我们可以从地球附近开始勘测距离。使用和GPS相似的技术，也就是发射光线（或者无线电信号），测量其碰到物体后反射回来总共的传播时间，我们可以确定地球上的距离，以及地球和太阳系内其他物体间的距离。还有许多其他方式可以用来测距，包括一些古代希腊人发明的、巧妙但不那么精确的方法。就目前而言，你只要知道所有这些方法都给出了一致的结果就足够了。

地球是一个近乎完美的球体，它的半径大约为6 400千米，即4 000英里。在这个空中旅行的时代，我们很容易理解这个距离。它大约等于纽约到斯德哥尔摩的飞行距离，或者略长于纽约到上海的距离的一半。

还有另一种表述距离的方式，它很适合天文学和宇宙学，并在这些学科中得到了广泛的应用。这种定义方式是，用光线走过某个距离所花的时间来规定这个距离。光走过地球半径这么长距离的时间大约为五十分之一秒。因此，我们说地球半径等于五十分之一光秒。

宇宙距离位于这个阶梯中更高的位置，在这一级上更实用的测量距离的单位是光年而非光秒。在开始使用这个单位之前，为了方便比较，我们先记下来，地球半径大约是十亿分之一光年。在我们进一步勘测这个世界时，请记住这个微小的数字。我们勘测的距离很快就会包括一整个光年，然后成百上千，再到成百上千万，最后到几十上百亿光年。

我们下一个长度的里程碑是地球到太阳的距离。这个距离大约有1.5亿千米，或者9 400万英里。它也等于8光分，或者大约百万分之十五光年。

显然，地球到太阳的距离大约是地球半径的24 000倍。这个令人震惊的大数凸显出，即使在太阳系中，地球的一切，都诚如"吞没了我，使我犹如一个原子"所言，更别提一个人了。

如果这样的事情让你感到困扰，小心它会变得更糟。我们沿着宇宙距离阶梯的攀登才刚刚开始。

知晓了地球围绕太阳运行的轨道的大小，我们可以通过欧氏几何用它来直接确定一些相对邻近的恒星的距离。这些恒星都足够近，它们在天空中的位置由于地球围绕太阳的运动，在一年之中会有明显的变化。这个效应被称为视差（parallax）。近处物体在我们双眼中呈现的角度不同，我们的双眼就是用视差来估计它们的距离的。太空任务依巴谷卫星的服役期为1989年至1993年，它利用视差编制了10万颗（相对）邻近的恒星的星表。

最近的恒星是比邻星，它距离我们4光年多一点点，有两颗伴星。次近的单个恒星是巴纳德星，在大约6光年之外。如果这些恒星周围存在外星生命，我们要想与他们或者他们未来的半机器移民者取得联系，需要足够的耐心。

相对于星际空间来说，我们的太阳系是一个舒适的小窝。太阳到比邻星的距离大约是地球到太阳距离的50万倍。

延长宇宙距离阶梯的关键技巧仍然是进一步运用之前提到的事实，也就是目之所及总是同样种类的物体和物质。如果我们可以找到一类物体，它们都有相同的固有亮度，我们就说它们可以作为"标准烛光"。知道了其中一个标准烛光的距离，就可以通过简单比较观测到的亮度来确定其他任何一个的距离。比如，如果某一个光源是另一个的两倍远，那么它的亮度看起来就是四分之一。

现在，所有设想都寄托在这个问题之上：如何证明那些在遥远的不同位置的物体，在同样距离处都有同样的亮度？基本的想法是寻找拥有许多共同性质的物体类型，抱乐观的希望，然后检查是否有矛盾。一个简单的例子可以说明这个基本想法和它的缺陷。

大多数恒星彼此之间差异过大，因而不能用作标准烛光。

炽热的天狼星 A 的亮度大约是太阳的 25 倍，而它附近的伴星天狼星 B 是一颗白矮星，亮度只有天狼星 A 的四十分之一，尽管在天文学上它们和地球的距离大致相等。我们可以将比较范围限制在有同样颜色的恒星，或者更准确来说，发射同样的电磁光谱[①]的恒星之内，这样效果会好得多。我们在比较这些除亮度之外看起来都一样的恒星时，就可以很合理地希望它们亮度的区别完全来自距离的不同。能解释诸多观测到的恒星特征的恒星物理理论也做出了同样的预言。但我们如何验证它呢？一种方法是找到一群挨得很近的恒星。包含几百颗恒星的毕宿星团就是一个极好的例子。如果光谱相似的恒星有相似的固有亮度，那么同一个星团中两颗这样的恒星就应该表现出同样的亮度。而我们发现，事实基本上正是如此。

专业的天文学家还需要考虑一些其他的复杂因素，比如星际尘埃的效应。尘埃会吸收光线，使得物体看起来比它们实际更远一些。希望我的同行能原谅我略过了这类不影响中心思想的技术细节。

我们可以沿着宇宙距离阶梯，通过使用各种各样的标准烛光，从邻近物体一直"爬"到可见宇宙的极限。有些种类的标准烛光适用于相对邻近的物体，有些则适用于遥远的物体。我们也

---

① 用更诗意的话来说：除了亮度不同，这些恒星都投射出同样的彩虹。

必须确认它们能得到相互一致的结果。

前文提到的依巴谷星表为我们提供了登上下一级宇宙距离阶梯的坚实基础。知道相似的恒星拥有相似的固有亮度之后，我们就可以利用它们来获得无法观察到视差的更遥远星团的距离。

我们可以用这种方式来勘测自己的星系——银河系。我们发现银河系中的恒星形成了一个相当平坦的圆盘，其中央有一个凸起。我们还测量出银河系直径大概有 10 万光年。

造父变星是亮度周期性变化的明亮恒星。通过对麦哲伦云[①]中造父变星的仔细研究，亨丽埃塔·莱维特（Henrietta Leavitt，1868—1921）证实了脉动频率相同的造父变星也有相同的亮度，因此可以成为标准烛光。造父变星相当容易找到，因为它们异常明亮，变化独特。利用造父变星作为标准烛光，天文学家测量了许多星系与我们之间的距离。

星系的分布很不规则，因此它们之间没有一个唯一的距离的值。但我们仍然可以得到一个星系与它最近的大邻居之间典型的距离，这个星系间的距离是几十万光年。恒星或者行星与邻居的距离都远大于自身的尺寸，但星系间典型的间隔并没有远大于星系本身的大小。

———————————

① 大小麦哲伦云是银河系周边的两个较小的星系。它们在南半球的天空中清晰可见，在葡萄牙航海家麦哲伦记录下它们的很久之前，波利尼西亚人就开始用它们来导航了。

在星系的王国里还有许多其他有用的标准烛光，以及一些更有趣的结构的细节。这些天文学的丰富内容为我所描绘的图景增加了深度，并强调了它要表达的基本信息。但鉴于我的目的是传达基本原理，而非提供百科全书式报道，就让我们干脆直接进入最远的前沿。

宇宙的地平线

在对遥远星系的开创性研究中，埃德温·哈勃（1889—1953）使用造父变星作为主要工具，发现了一些全新的东西，并得出了丰富的结论。他观测到遥远星系发出的星光的图样（也就是光谱）会朝着波长更长的方向移动，且越遥远的星系移动得越明显。这被称作红移。之所以叫这个名称，是因为如果你将星光按波长系统地展开成一道彩虹，它的条纹颜色会发生变化。原本偏向蓝色一侧的颜色会朝着红色一侧移动。这个效应在人类可见光的范围之外依然继续：一道"新的"蓝条纹会出现在原先紫外线所在的地方，而红色条纹会淡出到红外区域。

哈勃的红移观测有一个引人注目的解释，它彻底改变了我们眼中的宇宙图景。这个解释依赖于一个简单但惊人的效应，克里斯蒂安·多普勒于1842年首次描述了该效应。多普勒指出，如果一个波源离我们远去，它发出的波形中离我们较远的波峰会随着波源的远离而离得更远，因此抵达的波会被拉长。换言之，观察到的波与静止时的波源相比，会朝着更长的波长移动。因此，对哈勃红移的直接解释就是星系都在离我们远去。

哈勃在观测到的红移中还发现了一个极其简单的规律：越遥远的星系红移越大。更具体地说，他发现红移的大小正比于它们的距离。这意味着遥远星系都在以正比于它们距离的速度远去。

如果我们通过想象逆转星系的运动来重建过去，这个正比关系就拥有了令人激动的新意义。它意味着，随着时间倒流，越远的星系会越快地朝我们运动，经过的距离恰好使得一切都在同一个时间碰到一起。这让我们猜测，宇宙中的所有物质在过去都远比今天分布得更为紧密，甚至是挤在一起。回到原初的时间方向，这看起来就像一场宇宙的爆炸。

宇宙真的是从一场大爆炸中冒出来的吗？当天主教神父乔治·勒梅特（Georges Lemaître）第一次提出对哈勃的观测结果的这个解释时，他的"大爆炸"只是一个大胆而美妙的想法，其证据还太少，而且缺乏坚实的物理基础。[①]（勒梅特把原初宇宙称为"原初原子"或者"宇宙之蛋"。更缺乏诗意的"大爆炸"一词后来才出现。）但是随后的研究让我们对极端条件下的物质有

---

① 勒梅特的基本理论工作早于哈勃的观测结果。

了更多的了解。今天，大爆炸的证据已是汗牛充栋。在第6章，我将会更深入地讨论宇宙的历史，并回顾这些证据。

为了完善我们对宇宙的勘测，我们将使用大爆炸这个概念来定义可见宇宙的极限和范围。在脑海里倒着播放宇宙历史的电影，我们发现所有星系都在有限的时间内汇聚到一起。这发生于何时？为了计算这是在多久之前，我们简单地用星系移动的距离除以它移动的速度。（根据哈勃的观测，星系的速度正比于它的距离，因此我们会发现无论选择哪个星系都会计算出一致的结果。）通过这种方式，我们估计出星系大约都在200亿年前撞击到一起。更精确的计算考虑到速度受引力影响而随时间变化，给出了一个稍小一些的结果。如今最精确的估计是大爆炸至今已经有138亿年。

当我们望向遥远宇宙中的物体时，我们看到的其实是它们的过去。由于光的速度有限，我们今天接收到的来自遥远物体的光实际上是很久之前发射的。当我们回看138亿年前大爆炸的时候，我们就到达了视野的极限。光让我们"失明"了：最初的宇宙大爆炸太过明亮，以至于我们无法看到它的背后有什么（至少，没有人知道怎样才能做到）。

由于我们无法看到某个时间以前，我们也无法看到某个距离之外，这个距离就是光在有限的时间内传播的距离。无论实际的宇宙有多大，当前"可见的"宇宙总是有限的。

宇宙到底有多大？这正是用光年来测量距离这个想法的妙处所在。由于时间被限制在138亿年以内，距离的限制也是138亿光年。为了感受这个数字有多巨大，让我们来回想一下，我们地球的半径只有大约十亿分之一光年。

如此悬殊的差别为我们对宇宙尺度的勘测画上了句号。世界是如此之大，有丰富的空间容许人类繁衍生息，还有丰富的空间留给我们在遥远之处钦慕欣赏。

内在的丰富：所知与如何得知

现在让我们看向内部，在这里我们也会收获颇丰。我们将再次发现有丰富的空间可以使用，还有更丰富的空间可以欣赏。

各种各样的显微镜打开了我们的双眼，帮助我们捕捉到藏于细小事物中的财富。显微镜学是一个宏大的学科，充满了天才而有用的想法。不过，我在这里只会简要描述四种基本的技术，它们揭示了物质不同层次的结构。

最简单、最为人熟知的显微镜利用了玻璃和其他透明物质弯折光线的能力。通过打磨玻璃透镜并巧妙地放置它们，我们可以弯折入射光线，使得它们以恰当的角度传播到观察者的视网膜或者照相机的底片上，让入射图像看起来更大。这个技巧提供了一种无比强大且灵活的方式来探索长度略小于百万分之一米的世界。我们可以利用它看到构成植物、动物和人类的细胞，也可以一睹各种细菌群落，我们人类的观察对它们来说，有时是好事，有时是灾祸。

但要进一步使用这种光线弯折技术尝试分解更小的物体，我们就会遇到一个根本性的问题。这个技术基于对光线路径的控制，但由于光以波的形式传播，光由光线组成的想法只能近似成立。用波去提取比它自身尺寸更小的细节，就如同戴着拳击手套去捡一颗玻璃弹珠。可见光的波长大约为百万分之一米的一半，因此基于可见光的显微镜在这个尺度之下的成像是模糊的。

X射线的波长是可见光的百分之一到千分之一，因此它们原则上可以触及更小的尺度。然而并不存在像可以让可见光通过的玻璃那样的材料，让我们可以打磨成透镜来控制X射线。由于不存在透镜，放大图像的经典方法就成了无本之木。

幸运的是，还存在一种极为不同的方法可以奏效，它被称为X射线衍射。在X射线衍射中，我们并不需要透镜。我们将X射线束照射在目标物体上，让物体弯折并散射光束，然后将散射出来的光束记录下来。（为避免混淆，我需要特别指出，这和医生常用的更为人熟知也更简单的X射线成像差别很大。后者是粗略得多的投影，本质上就是X射线投下的阴影。X射线衍射对光束的调控更加精细，目标样品也更小。）X射线衍射相机拍摄的"照片"看起来完全不像物体本身，但是它以加密的形式包含了关于物体形状的丰富信息。

关于这些丰富信息到底有多丰富，科学家展开了一段漫长而迷人的传奇探索，有好几名科学家获得了诺贝尔奖。不幸的是，X射线衍射图样提供的信息并不足以令你仅通过数学计算就重建物体的形状。它们就像被损坏的数字图像文件。

为了尝试解决这个问题，好几代科学家建立了一架"解释阶梯"，让我们从简单物体爬到更复杂的物体。最先从X射线衍射图样中解码的是从食盐开始的简单晶体的结构。对于食盐，人们已经通过化学大致了解了它们应该长什么样，即由相同数量的两种原子钠和氯组成的有规则的序列。基于观察到的食盐大晶体的形状，人们也可以合理推测两种原子应该形成了一个立方体序列。但他们并不知道原子之间的距离。幸运的是，对任意可能距离值的晶体模型，你都可以计算出X射线衍射的图样。通过和观察到的衍射图样比对，你就可以验证模型并确定原子间的距离。

科学家们在研究更复杂的材料时，也使用了一种自举的过程。在每个阶段，他们都在之前验证过的模型基础上建立更加精密的模型，作为描述空间结构更加精细的材料的候选模型。然后他们再把根据候选模型计算出的X射线衍射图样与实验观测做比较。当富有灵感的猜测与艰辛的努力相结合，成功便会时而降临。每一次新的成功都会带来新的材料结构特征，而它们又可以作为输入信息，供给下一代模型。

这一系列工作在历史上的高光时刻包括卓越的化学家多萝西·克劳福特·霍奇金（Dorothy Crowfoot Hodgkin）确定了胆固醇（1937）、青霉素（1946）、维生素B$_{12}$（1956）和胰岛素（1969）的三维结构，还包括弗朗西斯·克里克和詹姆斯·沃森对莫里斯·威尔金斯（Maurice Wilkins）和罗莎琳德·富兰克林（Rosalind Franklin）拍摄的X射线衍射图样的解码，从而确定了著名的DNA双螺旋三维结构（1953）。

今天更加先进的计算机可以将过去成功的工作纳入程序中，令化学家和生物学家得以程式化地解决更复杂的X射线衍射问题。通过这种方式，他们已经确定了上万种蛋白质和其他重要生物分子的结构。科学成像技术依然立于生物学和医学生机勃勃的前沿。

于我而言，解释阶梯是我们构建世界更广泛的模型的一个漂亮的例子和隐喻。在自然的视觉里，我们必须将进入我们视网膜的二维图样还原为三维空间中的物体。理论上讲，由于缺乏足够的信息，这是不可能完成的任务。为了补足信息，我们加入了关于世界如何运行的假设。我们利用颜色、阴影和运动在模式上的突然改变，识别出物体和它们的性质、运动和距离。

婴儿和突然获得视觉的盲人都需要学习如何看世界。他们通过经验学习如何利用已知事物，基于简单情形建立起一个有意义的世界。从X射线衍射图样中学习如何"看见"一个物体的这一系列集体努力，也是为了完成相似的任务：寻找各种各样的技巧以获得一个有意义的世界。

我们的第三种技术——扫描显微镜则直截了当，令人耳目一新。这种显微镜将一枚有着细微针尖的探针靠近目标的表面，然后操纵针尖平行于表面移动，来"扫描"目标。如果同时施加一个电场，就会有电流从表面流入探针。针尖和样品表面越接近，电流就越强。通过这种方式，我们可以读出样品表面的形貌且达到亚原子的分辨率。在反映这种数据的图像中，可以看到每一个原子就像平原上的高山一样凸起。

最后，让我们聊聊科学家如何探测最小的尺度。第一个看到原子内部的实验由汉斯·盖革（Hans Geiger）和欧内斯特·马斯登（Ernest Marsden）在欧内斯特·卢瑟福的指导下于1913年完成。在他们的实验中，盖革和马斯登将一束α粒子射向金箔。一些α粒子会在金箔作用下偏斜转向，盖革和马斯登需要统计不同偏斜角度有多少粒子。做这项实验之前，他们预计几乎没有粒子会以大角度偏斜。因为α粒子的惯性很大，所以只有以非常近的距离与重很多的物体接触才会显著改变它们的轨迹。如果金箔的质量分布均匀，那么大角度偏斜就不会发生。

然而他们所观察到的现象与预计结果大相径庭。事实上，有大量的大角度偏斜发生，甚至有极少数α粒子调转方向原路返回。卢瑟福之后回忆他当时的反应说：

"这几乎是我人生中发生过的最不可思议的事件。它就像你对着一张纸巾发射一颗15英寸（约38厘米）的炮弹，然后炮弹被弹回来打到你身上。深思熟虑之后，我意识到这种向后散射一定是单次碰撞的结果，而且我通过计算发现不可能得到任何如此高强度的反射，除非你把原子绝大部分质量都集中在一个微小的核心里。就在那时，我产生了原子有一个小而重的带电荷的中心的想法。"

　　卢瑟福对盖革–马斯登的观察详细的分析孕育了现代的原子图像。他证明，只有假设原子的绝大多数质量和所有的正电荷都集中在一个微小的原子核里，才能解释实验数据。进一步的细化还得出了定量的结论：一个原子核包含了超过99%的原子质量，然而它的大小不超过原子半径的十万分之一，以几乎球体的形状占有小于十亿分之一的原子体积。这简直就是天文数字。原子核相对于原子之小，就如同太阳相对于它周围的星际空间一样。

　　盖革–马斯登实验建立了一个探索亚原子世界的范式，这一范式从此主导了研究基本相互作用的实验。通过用愈发高能的粒子轰击目标并研究粒子偏斜的方式，我们能够了解目标的内部信息。在此，我们同样构建了一架解释阶梯，利用我们对每个阶段的现象的理解来设计探测更深层次的新实验，并解释其结果。

空间的未来

超越视野界限

我们不能看到比大爆炸以来光走过的距离更远的事物，这定义了我们宇宙的视野界限，即视界。随着每一天的流逝，大爆炸也逐渐离我们远去。昨天在视界之外的空间今天可能也会进入视野中，崭新地呈现在我们眼前。

当然，增加一天甚至几千年，相对于宇宙年龄而言，只是一个很小的比例，因此这微小的增长在可见的宇宙中对人类时间尺度来说几乎是觉察不到的。但是思考我们遥远的后代会看到什么样的宇宙，以及思考在视界之外会发生什么，是一件颇为有趣的事情。正如丁尼生在《尤利西斯》中所说：

> ……全部经验，也只是一座拱门，
>
> 尚未游历的世界在门外闪光，
>
> 而随着我一步一步前进，它的边界也不断向后退让。
>
> 最单调最沉闷的是停留，是终止……

膨胀的宇宙视界造成了诸多问题。比如，随着视界的膨胀，会不会哪一天整个宇宙都进入视界之中？如果空间是有限的，这最终一定会发生。众所周知，有限空间并不一定是有边界的。球面，即球体的表面，就是一个没有边界的有限空间的例子。普通球面是二维的。对于数学家来说，定义像普通球面那样有限且没有边界的三维空间轻而易举，尽管将其视觉化很难。这样的空间提供了有限宇宙的候选形状。

可见的宇宙非常均匀。它包含了相同类型的物质，它们遵守同样的物理定律，以同种方式组织起来，并在整个宇宙中均匀分布。另一个由膨胀视界带来的问题是，在我们看不到的地方，这种"普遍"的物质形态是否依然成立。

或者，宇宙是否真的是"多元宇宙"，每个宇宙都包含着不同的物质形态和物理定律？回答这个问题最直接的方式就是观测发生在遥远处的奇异现象。倘若这样的现象发生了，我们就可以建立起多元宇宙的实验依据。一个逻辑上完美但有些令人遗憾的可能性是，关于基本定律和宇宙学的其他事实虽然意味着我们生活在多元宇宙中，但是也意味着包含着不同物质和物理定律的部分只有在非常遥远的将来，当视界膨胀到把它们都包含在内时，才相互可见。我将这种可能性称作遗憾，因为我们原本想用一个理念来阐释我们所经历的世界中的具体现象，但这个理念却指向了另一个层级。这听起来就像魔法一样神奇，但我们必须忠于实验结果。

空间粒子？

欧几里得认为，使用同样的概念工具可以无限度地测量越来越细微的距离。他并不了解原子、基本粒子或者量子力学。现在我们对物质组成的了解已经有了很大的进展。当我们将物质分成非常小的部分时，它们就会发生巨大的改变。平静的一滴水看起来连续而静止，但把它分解成原子甚至更基本的单位时，它们就会随着量子力学的曲调摇摆跳跃。

测量亚原子尺度的距离时，我们必须使用迥异于欧几里得所设想的像刚性直尺那样的工具，因为那些工具的缩小版压根儿就不存在。然而欧氏几何依然成功地在我们的基本方程中存在着。在这些方程中，基本粒子（以及支持它们的场）占据在无缝的连续空间中，正如欧几里得假定的那样，这个空间的所有部分都等价，长度和角度的测量结果遵守勾股定理。大自然到目前为止都让我们这样侥幸成功，这一事实堪称一个不解之谜。

但欧氏几何也许不会永远成立。根据爱因斯坦的广义相对论，空间也是一种物质。它是一种会动态变化的存在，既可以扭曲也可以移动。在之后的讨论中，我们也会提到许多其他将空间作为一种物质来考虑的原因。根据量子力学的原理，任何可移动的东西都会自发地移动。因此，两个点之间的距离是波动起伏的。将广义相对论和量子力学结合之后，我们通过计算得出，空间是某种持续颤抖的果冻。

在两个点的距离不那么近的情况下，可以预测这些量子涨落只是整个距离中一个可以忽略的部分。我们可以在实践中忽略它们，然后回到令人舒适的欧氏几何中。然而当我们的关注对象是 10^{-33} 厘米以下的尺度，也就是被称为普朗克尺度的极小距离时，两点之间距离的典型涨落就可以达到甚至超过距离本身。想象一下这样的场景，你脑海中可能会涌现出威廉·巴特勒·叶芝的两行诗中世界末日般的景象：

……中心难再维系；

世界一片混沌……

扭曲的尺子和跳动的罗盘逐渐动摇了欧几里得研究几何的基础，也最终波及了爱因斯坦的理论。GPS 的核心原理无法缩小至此，因为卫星的轨道在普朗克尺度下的细节会变得混乱而不可预测。替代它们的是什么理论？没有人知道确切的答案。实验几乎无法指出前景，因为普朗克尺度远小于我们能够解析的尺度，只有后者的几千万亿分之一。我个人很难抗拒时空并非迥异于物质这个想法，毕竟我们对物质的理解比时空深得多。倘若如此，空间将由大量相同的基本单元——"空间粒子"构成，邻近的"空间粒子"相互接触、交换信息，相聚又分散，诞生又逝去。

丰富的时间

序章：测量与意义

弗兰克·拉姆齐（Frank Ramsey，1903—1930）才华横溢，却英年早逝。在他26岁死于肺病之前，拉姆齐对数学、经济学和哲学做出了影响深远的贡献。20世纪20年代，年少的他已经是剑桥思想界的中心人物。他在约翰·梅纳德·凯恩斯和路德维希·维特根斯坦家中的草坪上，与他们合作，也与他们争论，而这两位分别被广泛誉为20世纪最伟大的经济学家和哲学家。"拉姆齐理论"则是自拉姆齐的工作发展而来的繁荣而有趣的数学一隅。

（这里有一个经典的小例子，可以让你感受一下拉姆齐理论：在任意一个两两之间要么是敌人要么是朋友的6人群体中，总能找到3个人，他们相互之间要么都是朋友，要么都是敌人。）

弗兰克·拉姆齐是一位不容忽视的思想者。他对物理世界中人类之外的部分的拒斥，值得我们认真思考：

> 我关于世界的图景是以透视法画就的，不是一个按比例的模型。最引人注意处为人类所占据，星辰则像三便士的硬币那么微小。我不真正相信天文学，除了将其作为人类（可能还有动物）的感觉过程一部分的一种复杂描述。我不仅将我的透视法运用于空间，也运用于时间，随着时间推移，世界终将变冷、万物终将凋亡；但那个时间离我们极为遥远，它以复利折现的现值几乎为零。

《纽约客》有期封面也表达了类似的想法。它展示了一张世界地图，其中绝大部分画的是曼哈顿，而地球的其他部分都被挤到了一个狭窄潦草的背景中。

拉姆齐的态度是对"唯尺寸至上"态度的一种有益的修正。相同的空间体积拥有相同的容纳物质和运动的潜力，但这并不意味着它们的重要性相同。无差别的空旷区域是无趣的。与此类似，相同长度的时间拥有相同的容纳时钟嘀嗒的能力，但这也不意味着它们的重要性相同。对绝大多数人和绝大多数时间来说，附近发生的事件才更加重要。这是人们与生俱来的态度，也是我们在人世间的应对策略。

然而拉姆齐不仅保持了这种态度，还将其推向极端。他说他不相信天文学，但我并不相信他这句话。对我来说，他的叙述反而暗示着他深受宇宙惊人的巨大空间与时间袭扰，一如帕斯卡。由于他否认天文学的重要性，他错失了一个潜在的灵感来源，令人遗憾。在数学家、经济学家和哲学家之外，拉姆齐错过了一个成为伟大宇宙学家的机会。

我们可以看到宇宙中既有丰富的外在，也有丰富的内在。这两个事实并不矛盾，我们也无须二选其一。从不同的角度来看，我们亦大亦小。两种角度都捕捉了关于我们在万物体系中的位置的重要事实。要得到一个对现实完整而实际的理解，两种观点我们都必须欣然接纳。

时间的丰富

我们在空间中所见到的同样适用于时间：无论外在还是内在，都存在丰富的时间。虽然广大的宇宙时间让我们相形见绌，但是我们的内在也包含了广大的时间。

在视觉宇宙史《造星主》中，开创性的科幻天才奥拉夫·斯塔普尔顿（Olaf Stapledon）写道："因此，包含诸多连续物种和绵延繁盛的一代代人的整个人类史，也不过是宇宙生命中的灵光一现。"古罗马哲学家塞涅卡（Seneca）在《论生命之短暂》中表达了与之相反的想法。"我们为何要抱怨大自然？"他写道，"它的行为如此慷慨：如果我们知道如何利用生命，它将是漫长的。"

我们即将看到，斯塔普尔顿和塞涅卡都说对了。

时间是什么？

为了避免陷入模糊而无意义的讨论，让我们先停下来深呼吸一下，提出一个非常基本的问题：时间是什么？

时间在心理上似乎不如空间那样有形可触。我们不能在时间中自由移动，甚至也不能重临某个选定的时刻。某个时刻一旦流逝，便成为过去。它总是一开始不在当下，然后成为当下，最后再次离开当下。

伟大的思想者圣奥古斯丁就曾清晰表达过一个常见的困惑："时间是什么？如果无人问起，我心知肚明。如果要向问我的人解释，我却一片茫然。"

一个机智但不严肃的回答常常被张冠李戴到爱因斯坦头上，尽管它实际出自科幻小说家雷·卡明斯（Ray Cummings）之口："时间就是阻止所有事情同时发生的东西。"

另一个言简意赅但乍听起来也不严肃的回答是"时间是时

钟测量的东西"，但我相信这是正确答案的萌芽。我将会在这个想法的基础上展开讨论。

　　大自然中有许多现象都有规律地重复着。昼夜的交替、月亮的盈亏、四季的更迭，以及人和动物的心跳，它们的周期都是日常经验中的显著特征。如果比较两个人平静时的心跳速率，我们会发现它们之比在多次跳动之后仍大致保持不变。我们也会发现月相的每个周期，即每个农历月，包含的天数也几乎相同。

　　由于天气变化，季节的周期乍看起来似乎更模糊一些。为了更精确地预测季节，诸多文明都发展出了天文计时的技术。他们想到了监控太阳在天空中运行轨迹的改变，观察太阳每一天在何处升起、何处落下、升起多高。这些位置上的改变比起变化无常的天气模式随季节的改变要有规律得多。通过监控太阳，人们获得了更加精确而实用的对季节和年的定义。（季节被正式定义为标记太阳最大偏移的冬至夏至点与标记太阳位置变化最快的春分秋分点之间的时间段。冬至夏至点标记了昼夜长度差别最大的点，春分秋分点则标记了昼夜长度相同的点。一年就是度过一整个变化周期的时间段。）有了这些精确的定义之后，人们发现每年每个季节包含的天数和农历月的数量都相同。他们建立了日历来帮助生活的方方面面，比如让农民确定何时播种、预计何时收获，以及让猎人预计动物何时迁徙。

　　简而言之，我们发现，不管是在生理学还是天文学上，都有很多不同周期过程是同步的。它们都踩着同样的鼓点前进。我们可以用这些周期中的某一个来测量其余的。[①]观察到一个共同的、普遍的速度，是我们了解到的关于物理世界运作方式的一个深刻事实。为了表达这个速度，我们可以说整个世界的周期都接入了某种东西，它告诉它们何时循环。这个东西就被定义为时间。时间是给事物变化伴奏的鼓手。

在人类经验中，时间还有另外两种最重要的表现。一种是它在音乐中的角色。在一起演奏、跳舞或唱歌时，我们也会默认所有参与者都会保持同步。尽管这个经验是如此熟悉以至于我们容易把它归于理所当然，但它的确提供了令人信服的证据，表明我们在很高的精度上拥有共同的时间流逝的观念。

时间的另一个表现也许对人类来说是最重要的，它与生命历程有关。几乎所有婴儿都按照大致相同的时间表成长，开始走路、说话，以及在一定月份（或天、周）之后达到其他的里程碑。人们身高增长、进入青春期、进入壮年再到衰老都遵循可以预测的模式，并与他们活过的年数紧密相关。我们每个人都是一座时钟，尽管难以精确读数。

人类的生命弧线也表明，时间不仅控制了周期事件的进展，也控制着非周期事件的进展。随着人们在科学上的认识逐渐深

---

① 确切来说，用心跳来测量一天需要极大的耐心。但是我们可以用譬如阴影的变化来更精细地分割一天。

入，并系统性地研究物理世界的运动和其他类型的变化，他们会一遍又一遍地发现，到目前为止，每种情形中的所有变化都遵循一个共同的节奏。天体位置的变化、在力的作用下物体位置的改变、化学反应的进行、光线经过空间的过程，所有这些以及更多的变化都以同一个时间的节奏演化。

换言之，在我们对物理世界中的变化如何发生的基本描述中，出现了一个通常被写作 t 的量。这也正是人们问"现在几点钟？"时所谈到的东西。那就是时间。时间是时钟测量的东西，变化中的万物都是时钟。

历史的时间：所知与如何得知

在前一章中，我们在回望大爆炸时已经测量了宇宙的时间。从那时起到现在，已经过去了138亿年。在人类寿命的尺度上，这可真是一个非常漫长的时间。它包含了几亿个人类寿命的长度。

138亿年是一个难以想象的数字，而大爆炸也和我们的经验距离遥远。为了欣赏时间的丰富，我们也应该深度考虑离万物起源更近的历史。有两种可以测量非常长的时间的方式：放射性计年和恒星天体物理学。让我们依次讨论它们。

放射性计年基于核同位素的存在。有一些原子核包含的质子数量相同，但中子数量不同。这些原子核所在的原子的化学性质都几乎相同，但是有些种类的原子核并不稳定，会发生衰变，不同原子核有不同的特征寿命。相同化学元素的不同同位素的寿命通常迥然不同。我们利用相同的化学性质和不同的寿命这两个特征来进行放射性计年。

为具体起见，让我们详细讨论一个重要例子：使用碳元素的放射性来计年。最常见的碳同位素是 ^{12}C（碳–12），它包含6个质子和6个中子。^{12}C 原子核高度稳定，但也存在另一种重要的不稳定的（或称"放射性"的）碳同位素——^{14}C（碳–14）。

^{14}C 的半衰期大约是 5 730 年，这意味着如果你有一份含有 ^{14}C 原子的材料样品，其中有一半 ^{14}C 原子会在 5 730 年后消失。在这个过程中，^{14}C 原子核转变为氮原子核（^{14}N），同时发射出电子和反中微子。我们随后会更深入地讨论这种涉及放射性和弱相互作用力的过程。就目前而言，这些细节无关紧要。

当然，我们不必等 5 730 年来验证这个情况。即使小样本的有机材料也包含许多碳原子，因此我们可以在很短的时间段内就探测到许多衰变。我们在监控逸出的电子时观察到，相同时间段内会有相同比例的现存 ^{14}C 原子核衰变。

既然宇宙的年龄远长于 5 730 年，这就出现了一个问题：为什么还存在 ^{14}C？这里的关键事实是，会有新的 ^{14}C 原子核通过宇宙射线的作用在地球大气中产生。这个产生过程弥补了衰变的损失，保持了 ^{14}C 和 ^{12}C 在大气中的平衡。

生物要么直接从大气中摄入碳，要么在碳从大气溶解到水中不久后从水中摄入碳。它们摄入的碳反映了当前大气中 ^{14}C 与 ^{12}C 含量达到平衡的比值。然而一旦碳被吸收到生物体内，衰变的 ^{14}C 就不再获得补充。此后，它的比例就会以可预测的方式随时间下降。因此，通过测量一份生物来源的样品中 ^{14}C 和 ^{12}C 的比例，我们就可以得出样品来源最后活着摄取碳的时间。

有两种测量这个比例的实用方式。由于 ^{12}C 原子核远远多于 ^{14}C，我们可以简单地通过称出总的碳量来获得对 ^{12}C 丰度的良好估计。为了得到 ^{14}C 的丰度，我们可以测量放射性，即样品发射电子的速率。我们既然知道在某个时间段内多大比例的 ^{14}C 会衰变，就可以利用这个测量结果来推断有多少 ^{14}C。

第二个方法更为现代，是将样品放置到加速器中，我们可以利用样品在强电磁场中的不同运动在物理上分离 ^{14}C 和 ^{12}C。这两种方法产生的结果一致。

碳同位素计年法被广泛应用于考古学和古生物学。它已经被用来测定古埃及人和尼安德特人的器物（例如木乃伊）的年代。我们可以检验一些古埃及器物，看看能不能获得与历史记录一致的结果。尼安德特人并没有留下记录，然而多亏了碳同位素计年，我们得知他们在欧洲兴盛了好几十万年，直到 4 万年前才灭绝。

我们也可以测定早期现代人（智人）的骨头和器物的年代。从这些遗留物中，可以推断我们这个物种大约已经存在了30万年。早期遗留物的分布很稀疏，意味着当时人口规模较小：智人在早期并非特别成功的物种。

需要重点指出的是，存在诸多方式可以验证碳同位素测得的年龄。一个简单、经典且格外优雅的例子就是古树。树木每年都会在树皮上增加一道年轮，因为在不同季节木质沉积的外表不同，会形成对比。我们可以检验碳同位素计年法是否正确地推算出了不同年轮的相对年龄以及总的年龄。

除了 ^{14}C 和 ^{12}C，还有许多对其他同位素拥有很长的半衰期。使用本质上相同的技术，我们可以用它们来测定比碳同位素计年能测定的更长的时间。例如，科学家用铀和铅的同位素来测定西格陵兰岛的矿物样品（片麻岩）的年龄，结果一致得出年龄约为36亿年。因此，我们推断这些岩石形成于36亿年前，且在此后几乎没有经历任何化学过程。用这种方式，我们知道，地球作为一个固体行星已经在可见宇宙的寿命中存在了超过四分之一的时间，这是相当大的比例。

恒星的天体物理学理论也给我们提供了一种确定它们年龄的方法。恒星通过燃烧核燃料产生能量。随着燃料不断被消耗，它们的大小、形状和颜色也会改变。比如，天文学家预测，我们的太阳会在大约50亿年后成为一颗红巨星。然后它会吞噬水星和金星，而地球上的事物也会被搞得一团糟。根据理论推测，变成红巨星后过大约10亿年，太阳会炸掉它自己膨胀的大气，然后沉寂为一颗炽热的、地球大小的白矮星。随后，它会缓慢冷却，最终在几十亿年后逐渐消失于黑暗中。

有许多方法可以用来验证恒星演化的理论。例如，我们可以观察一个星团中紧密聚集的恒星。可以合理地认为，这类星团中，有许多恒星大约形成于相同的时间（在宇宙尺度上）。倘若如此，它们就有同样的年龄。随着恒星年龄增长，它们会以可预测的方式演化并改变颜色和亮度。利用恒星演化理论，我们可以分别计算出每颗恒星的年龄。天文学家发现，在许多情况下，同一个星团中不同恒星计算出的年龄的确相一致，因此既证明了恒星演化理论，也得到了星团的年龄。

借助这种方式，我们发现某些最古老的恒星的年龄几乎和可见宇宙相同。换言之，恒星形成始于大爆炸之后的10亿年到20亿年。另一方面，某些恒星非常年轻，我们还能观察到一些地方有尚处于形成阶段的恒星。

总结一下，我们可以说：

- 宇宙在其历史很早的时候（大约130亿年前）就开始形成恒星和行星。新的恒星仍在继续形成，虽然速度正逐渐变慢。

- 太阳和地球以接近当前的形态存在了大约50亿年。
- 人类以接近当前的形态存在的时间要短得多，只有约30万年。这相当于大约一万代人，或者5 000个人类寿命的长度。

内在的时间：所知与如何得知

把人类生命的跨度与产生想法的基本的电和化学过程的速度相比，我们便能感受到时间内在的丰富。这个比较表明，人的一生能够支持巨量的个人经验与洞察。

思维的速度

沃尔夫冈·阿马德乌斯·莫扎特于35岁时逝世；弗朗茨·舒伯特于31岁时逝世；伟大的数学家埃瓦里斯特·伽罗瓦于20岁时逝世；伟大的物理学家詹姆斯·克拉克·麦克斯韦于48岁时逝世。显然，把许多创造性的想法压缩到一个人的生命中是可能的。那我们最多可以把多少想法压缩到一生中呢？

由于大脑的运转过程复杂得令人眼花缭乱，不存在某个单一的可以衡量所有这些过程的速度测量方式，因此这个问题存在一些模糊性。不过我依然认为有可能给出一个大致但有意义的答案。

　　人类信号处理的一个根本限制因素，是神经元互相通信时使用的脑电活动（动作电位）的脉冲之间的间歇期（也称潜伏期）。这个恢复周期将每一秒内脉冲的数量限制为几十到几百次，具体次数取决于神经元的类型。电影通过连续展示一系列静止画面来形成看似会动的影像，每秒展示的画面数（被称为帧率）低于40就可能被人识别出来，也许并非偶然，这个频率刚好足够容纳适度数量的脉冲。这个帧率客观地衡量了我们将视觉信号处理为大脑可以使用的形式的速度。这意味着我们一生中能处理并"理解"大约1 000亿幅不同的场景。

　　我们心存的有意识的想法的数量可能远低于这个数字，但依然很多。例如，我们讲英语的平均速率大约为每秒两个单词。如果我们估计5个单词代表一个有意义的想法，那么人的一生可以容纳10亿个想法。

　　这一估计证明，我们被赋予了10亿次体验世界的机会。在这个重要意义上，存在大量的内在时间。这个估计甚至可能太保守了，因为我们的大脑支持并行处理，不同想法能同时运行，其中大多数是潜意识的。

　　T. S. 艾略特在《J. 阿尔弗雷德·普鲁弗洛克的情歌》中对同一结论有个更加讽刺的说法："一分钟里总还有时间，决定和变卦，过一分钟再变回头。"

在我们的祖先和机器的帮助下，我们得以极大地增加思想资源。我们不必从头开始重新发现如何满足基本需求，比如保暖、获取食物和饮水。有了将我们举至更高空的"飞机"，我们不必重新发现微积分或者现代科学技术的基础。幸亏有了现代计算机和互联网，我们宝贵的思维循环既不必花在费劲的计算上，也不必花在记忆巨量信息上。通过引入这些助手，我们可以将巨量的思考外包出去，释放更多内在的时间，用于其他用途。

大自然并不受人类思维速度的限制。事件的发生可以远快于我们40次每秒的处理速度，尽管我们的视觉无法分辨它们。举例而言，现代信息处理器（比如一台高端笔记本电脑的中央处理器）的"时钟速率"大约是10 GHz，对应于每秒100亿次。计算机可以远远快于人脑，因为晶体管利用电场驱动的电子运动来运作，而非神经元所依赖的扩散过程和化学变化，后者要慢得多。通过这种自然的方法来衡量，人工智能的思维极限速度大约是自然智能的思维极限速度的10亿倍。

测量时间

时钟和时间测量的历史涉及不少物理学的历史。早期的时钟包括基于太阳位置的仪器（日晷），基于沙子流速的沙漏，以及基于水流、蜡烛等物质的相关设备。诸如伽利略和克里斯蒂安·惠更斯这样的传奇人物发展了机械摆钟，摆钟在几十年的时间里发展完善，建立了时间精确性的标准，直到20世纪。

20世纪，物理学家引入了基于完全不同的物理原理的更加可靠的时钟。在时钟制造的前沿，摆动的钟摆和先被旋紧再逐渐放松的发条被振动的晶体取代，后者随后又被振动的原子取代。这些振子由于体积更小，受外界不规则振动的影响也更小，而且运行的摩擦力非常小。因此，如今最精确的原子钟非同一般地稳定，具体而言，误差不超过10^{-18}。也就是说，两个这样的时钟在运行超过宇宙年龄的时间跨度后，差别依然在一秒钟以内。今天，相对便宜的、袖珍的（芯片大小）原子钟可以保持10^{-13}的时间精度。它们每百万年才会快或者慢一秒。

这样非同一般的精确度似乎有些浪费，但实际上却极为有用。首先，在全球定位系统中，它们记录下的时间会被转换为精确的距离测量值。（例如，这样的测量可以帮助大型机器精准对齐。）需要注意的是，即使时间上只有微小误差，乘以光速以后，也会变为距离上的显著误差。

设计更加精确的时钟是现代物理学中具有挑战性和巨大创造性的分支之一。最近有个例子让我倍感亲切：我们有可能协调大量的原子，配合一种由我预测并随后被观察到的新物质形态——"时间晶体"——来提升单原子的原子钟的精确度。

分辨短暂的时间

正如之前对空间的讨论，我们要研究极短的时间，也必须用更为间接的方式来测量它。在空间的情形下，我们看到，X射线衍射与盖革和马斯登进行的散射给出的信息可以被转换为原子和亚原子世界的地图（即图像）。这些技术涉及观察目标（即我们想要成像的对象）如何改变入射X射线和入射粒子的运动。

要分辨出快速发生的一系列事件的结构，我们采用类似的方法，但关注的是能量的改变而非运动方向的改变。快速事件的世界充满奇迹与惊喜。为了与主题相符，我仅简要地集中讨论几个最重要的例子。

使用高功率激光有可能分辨出在许多化学和生化过程中发生的事件序列。飞秒化学以小至10^{-15}秒（1飞秒）的时间间隔来构造这样的时间线。激光视力矫正手术（Lasik）也利用了飞秒激光脉冲来改造病人的角膜。

使用高能加速器甚至还可能解析更短的时间，我们随后会更深入地探索这样的例子。希格斯粒子的发现是21世纪物理学的一个主要成就。它高度不稳定，仅能存在大约10^{-22}秒。因此，为了识别它存在的证据，物理学家不得不重建在那个时间尺度上的事件。

时间的未来

构造物理时间

爱因斯坦的广义相对论作为引力理论已经获得了一次又一次的胜利。它告诉我们时空可以弯折和扭曲，这个事实推动了我们关于时间旅行、传送门、虫洞和曲速引擎的梦想。这些幻想和渴望是否有可能在现实中被设计并建造出来呢？

我几乎看不到能够在可预见的将来操纵物理时间的希望。激光干涉引力波天文台（LIGO）观测到引力波是对广义相对论最近的，或许也是最纯粹的重大验证，而它同样将问题显露无遗。

LIGO是一台精密仪器，被设计用来探测时空的微小扭曲。它包含相距4千米的两面镜子，能测出它们之间比一个原子核直径的千分之一还小的相对位置变化。即使有着这样的灵敏度，LIGO也只能勉强探测到两个数十倍于太阳质量的黑洞在剧烈合并过程中产生的时空扭曲。其传达的信息很简单：时空可以被扭曲，但是非常难。

构造心理时间：跳跃和循环

物理时间是很难改变的。实际上，对于物理宇宙中的所有物体而言，它总是朝一个方向稳定地流动。心理时间则迥然不同。它可以蜿蜒曲折、出现分岔以及十分敏捷地来回跳跃。我们可以回到过去查阅记忆。在这个过程中，我们可以快速地、缓慢地或者跳跃地在记忆之中移动。我们也可以改变脑海中的事件，想象事情本来会怎样。我们常常想象各种未来，并规划行动，以实现我们所向往的结果。这也许是我们大脑额叶的核心工作——额叶是大脑中一个巨大而复杂的突出部位，它赋予了人类独特性，将人类与动物区分开来。

计算机本质上不会变老，它们可以准确地回到过去的状态，而且能够并行运算多个程序。基于这些平台的人工智能将能够以极大的精度和灵活性设计构造它的心理时间。尤其是它可以设置能带来快乐的状态，并在每一次重复体验中获得新鲜的感受。

构造心理时间：速度

人类思维速度据我们估计只有大约数十次每秒，这与当前由电子运动驱动的思维速度（通过计算机时钟速率来衡量）之间存在巨大的鸿沟。如前所述，这个差距可达10亿倍。基本的飞秒原子过程甚至比计算机还要快好几千倍。因此，每一个瞬间还可以容纳更多的生命。

进化巧妙的人类、半机器人，或者完整的人工智能将拥有大量机会来超越当前思维的标准速度。除非发生灾难性的核战争或者气候变化，我估测它们在几十年内就会很快到来。

更加新奇的是，我们可以想象基于亚原子过程的智能形式，它的思维运转甚至还要更快一些。罗伯特·福沃德（Robert Forward）令人心旷神怡的硬科幻小说《龙蛋》就在这一背景下上演。他想象一种生命的智能形式"奇拉"在中子星的表面进化。在那里，主宰世界的是核化学过程，而非原子化学。核化学交换的能量比原子化学高得多，因此运行速度更快。人类眨眼之间，奇拉的历史就已经过去了好几个时代。人类宇航员一开始遇上这些生物时，它们还是一种在科学上落后的野蛮的生命形式，但人类宇航员发现，奇拉们在进入它们图书馆后仅仅半小时，就远远超越了人类。

构造心理时间：永生

在《格列佛游记》中，乔纳森·斯威夫特介绍了一种永生的种族——斯特鲁德布鲁格人。他们虽然永生，但依然会变老。年老时，他们会变得虚弱可怜，并成为社会的负担。永生的悲惨或邪恶是神话和文学的常见主题，它们想要表达的教训是，不要轻易许愿长生不死。

坦率来说，我觉得这是一种酸葡萄心理。死亡会毁灭一个人的记忆和学问，这不仅很恐怖，而且是一种浪费。延长人类健康的生命应当是科学的主要目标之一。

极少的组分

在童年，我们要学习处理各种各样的事物：他人、动物、植物、水、土壤、石头、风、日月、星辰、云、书籍、手机，等等。我们发展出不同的模型来识别每一种事物，并解释它们如何影响我们、我们如何影响它们。儿童的世界模型可能不会着重提到，所有这些事物都由极少种类的基本组件构成，每个物体中都包含大量这样的基本组件，然而，它是科学的核心课程。

原子及其内部

如果在某次大灾难里，所有的科学知识都要被毁灭，只有一句话可以留存给新世代的生物，哪句话可以用最少的字数包含最多的信息呢？我相信那会是原子假说（或者原子事实，或者你爱怎么叫都可以）：宇宙万物由原子构成。

——理查德·费曼

"原子"一词衍生自一个希腊词根，它的意思是"不可分割"。长期以来，科学家都认为在化学反应中被交换的最小物体是最终的不可分割的物质单元。这些基本的化学组件被称作"原子"，这个名字一直沿用至今。

但是当被研究的物质处在比化学中的常见条件更加极端的情况下时，人们发现化学"原子"可以被分成更小的单元。因此，化学中的"原子"，即在大多数科学著作中以此为名的物质，并非终极组件意义上的"原子"。

传统的化学原子由原子核和环绕在原子核周围的电子组成。原子核可以被进一步分解为质子和中子。但故事并没有结束。我们今天最好的世界模型认为原子由电子、光子、夸克和胶子构成。我们即将看到，有充分的理由认为这就是最后的结论了。

这些发现组成了我们基本原理的一部分，并延续了原子假说的精神，尽管它们暗示我们应该重新表述（或者重新命名）原子假说。我们不应该说"所有物质都由原子构成"，而应该说"所有物质都由基本粒子构成"。不过无论你用哪种方式表述它，其核心信息都很清晰：将物质分解为你能分解的最小单元是值得的。正确分解了所有物质之后，你就可以重建概念并构造物理世界。

要从几种简单组分出发，对物理现实进行现代科学式构造，需要我们重新想象"简单组分"是什么意思，以及我们如何"构造"。光有日常经验不足以帮助我们理解这些概念的现代版本。

原理：现实与它的对手

物理现实最基本的组分是一些原理和性质，这些原理和性质通过被我们称作基本粒子的东西表达出来。然而"基本粒子"和日常经验中的物体在一些重要方面迥然不同，因此为了恰当地理解它们，我们必须从原理和性质开始讲起。

四条（看似）简单的原理

四条简单但深刻的普遍原理主宰了世界运行的方式。我先像发电报一样一次性将它们都陈述出来，然后再更深入地详细说明。

1. 基本定律描述了变化。将对世界的描述分为状态和定律两个部分是有帮助的。状态描述了"这是什么",定律描述"事物如何改变"。

2. 基本定律是普适的。也就是说,基本定律在任何地方、任何时刻都成立。

3. 基本定律是局域的。也就是说,一个物体在很近的将来的行为只取决于当前离它很近的周围的情况。这条原理的标准科学术语是局域性(locality)。

4. 基本定律是精确的。定律都是精确的,而且不允许例外。因此,它们可以用公式表述成数学方程。

这些普遍原理的简洁性是有迷惑性的。它们远非不证自明,甚至可能不完全正确。它们的力量并非来自任何逻辑上的必要性,而是来自它们已被成功证实。它们已经向我们指出了一个关于物理世界如何运行的令人瞩目的成功描述,这正是本书想要记录的。

在人类历史的大部分时间里,人们持有过许多关于物理世界如何运行的不同观点。从古代直到近期,民俗传说、历史,以及博学的学者、哲学家和神学家的著作中记录了各种违背上述原理中一条或多条的想法。某些例如占星术、心灵感应、千里眼和巫术等的"法术"都引入了能够跨越巨大时间和空间间隔产生强烈作用的力。其他的还有超感知觉、意念移物、祈祷者感应的神迹、奇幻思维等"法术"，它们都赋予了精神和意志在塑造物理事件过程中的重要作用。大多数这类想法都是我们儿时建立的世界模型的合理"拓展"，认为我们的精神在身体之外，而意志控制着我们的身体。在历史上，大多数人的世界模型都接受它们中的一些或全部。

在人类历史进程中，只有极少一部分人有志于在精心控制的条件下，准确预测随后将会发生什么，或者至少想象这样是可能的。而这个可能性正是我们原理的核心信息。我们的普遍原理于17世纪被首次清楚地阐述，它们也是科学革命的核心思想。

第一条原理本质上说的是"之后会发生什么？"，这个问题较为简单，而且，回答这个问题，比回答"事物为何如此？"产生了更丰硕的科学成果。"之后会发生什么？"之所以易于回答，是因为第二条和第三条原理让我们可以通过做实验来回答它。也就是说，我们可以精确复制出我们感兴趣的场景，设置同样的状态，然后观察在复制场景中发生了什么。

第二条原理的一个重点是我们可以在任何地点、任何时间做实验，这有助于让做实验这个"显然的"建议变得切实可行。根据第二条原理，即普适性原理，不管在何时何地，我们都将会发现相同的基本定律。

第三条原理——局域性——允许了我们做另一个重要简化。

它告诉我们，在构想定律时，不必考虑整个宇宙或者全部的历史。更准确地说，它告诉我们，在此时此地采取恰当的保护措施，就可以控制所有的相关条件。

最后，第四条原理——精确性——则鼓励了我们的雄心壮志。它的意思是，如果我们用恰当的概念描述定律，我们可以得到一个简洁而完备且完全精确的描述。它同样是一个挑战：我们不应该满足于较低的精确度。

简而言之，这些原理保证了我们可以通过做实验发现主宰事物变化的、准确而普适的定律。科学一直在系统地、不懈地追求这一目标。

这四条原理共同作用，为我们提供了一种做出新发现的策略。我们一开始先研究有准确定义、可以重复建立的简单情形下会发生什么。掌握了这些之后，我们可以尝试推论在更复杂的情形下会发生什么。

婴儿甚至动物幼崽也运用同样的实验策略使自己与物理现实保持一致。例如，我们人类会学习如何扔一个球、如何把食物送进嘴巴，以及成百上千的其他实践过程，然后把在不同时间地点和不同条件下的经验编织在一起，来对物理世界做出改变。科学家和拥抱科学的人都是重生的探索者，但我们这些"婴儿"的探索获益于逻辑思维、放大感觉的仪器和前人探索者的工作。

牛顿与局域性

牛顿对他最辉煌的发现之 极为不满。根据牛顿定律，无论相距多远，一个物体（我们称之为B）对另一个物体（我们称之为A）施加的引力都是瞬时的，即没有任何延迟。这意味着你不能仅仅基于A附近的情况来预测A的运动——具体而言，你必须知道B在哪里。牛顿内心深处对他自己的定律的这个特征并不满意，正如他写给朋友理查德·本特利（Richard Bentley）的信中所言：

> "一个物体可以通过真空作用于另一个遥远物体，而无需任何介质来将作用和力从一个传达到另一个，这让我感到极度荒谬。我不相信任何在哲学问题上有充分思考能力的人会陷入这种想法。"

牛顿意识到他的万有引力定律不是局域的——换言之，它不能体现我们的第三条原理，因此他很不喜欢它。

这个可以感知到的瑕疵对于牛顿和数代追随他的科学家而言，只是纯理论上的。牛顿的引力定律在实践应用上极为成功。你也许会说，它的缺点仅仅是美学上的，或者对牛顿自己而言，是神学上的。它似乎只是表现了上帝通常极好的鉴赏力的一次小小失误。

然而，牛顿对我们第三条原理，即局域作用原理的信心，被证明具有令人惊叹的远见。在他去世几十年后，从19世纪中叶开始，物理学家们给被动的"真空"——牛顿曾抱怨的虚无或虚空，填入了一种传递力的成分，我们称为"场"。场，而非粒子，是现代物理学的基本物质组件。[①]

一个案例研究：原子钟

原子钟是运用我们基本原理的一个绝佳例子。

振动的原子提供了原子钟的心跳。它们的物理状态决定了它们如何变化——在这个例子中，也就是它们以多快的频率振动（以满足第一条原理）。重要的是，实验者在不同时间和地点测量了原子振动的速率，发现只要采取一些必要的实验室保护措施（利用和满足第三条原理），总能得到一致的结果（满足第二条原理）。而且，正如我们之前所讨论的，对原子振动频率的测量已经达到了极高的精度，结果都一致（满足第四条原理）。

在这个例子和绝大多数实验中，最棘手的部分就是采取"必要的保护措施"。为了得到一致的结果，实验者需要保证用来

① 和牛顿一起，我们在这里已经预料到第4章的主题。

俘获原子和观察它们行为的复杂精密仪器都是稳定的。这些仪器包括激光、昂贵的冷却装置、真空腔和许多复杂的电子元件等。你必须帮它屏蔽路过的卡车引起地面移动的震动效应，以及地球自身地震的隆隆声。你也不能让淘气的儿童或掉以轻心的学生在实验室闲逛，到处乱摸。第三条原理"局域性"的要点是，这些保护措施以及其他一些单调乏味的温度、湿度等修正都和局域的条件有关（卡车也许很远，但重要的是在实验室处的震动）。谢天谢地，你不必担心遥远的宇宙深处，以及过去和未来发生的事情。

物质的核心是原子。我们需要控制哪些变化无常的因素才能获得让原子钟得以成名的可重复的、高精度的结果？基本上只需要四件事。首先，我们需要将感兴趣的原子与其他原子分离，这是冷却仪器和真空腔的工作。然后，我们需要监控原子处的电、磁和引力的条件，也就是电场、磁场和引力场的大小。要测量它们，我们可以在局部监视带电粒子移动的速度和物体下落的速度。一旦对这几个局域条件做出恰当的修正，控制条件就已经到位了。此时，你一定会以极高精度观察到某个一致的原子振动速率——否则你就会做出一个否定了所有过去实验结果的重大发现！

哲学上来说，值得注意的是，我们无须考虑人们或者假想中的超人类的所思所想对实验结果的影响。我们进行的超高精度的精巧实验，给精神可以通过意志直接作用于物质这个想法带来了严峻的考验。这类实验本可成为一次绝佳的机会，让魔法师施加魔咒，或者让一位有雄心壮志的实验者通过祈祷或痴心妄想的力量获得永恒的荣耀，即使只产生了非常微小的效应，也可以被探测到。然而，迄今为止，尚无人成功做到这一点。

可能会错，但还没错

在结束我们对构造世界的原理的讨论前，我要用一个简单的思想实验来说明我们的原理可能会出什么样的错。在这个思想实验中，我将描述一些我们的原理不成立但看似合理的未来宇宙。

我最喜欢的思想实验之一是广泛出现在许多科幻故事和电影《黑客帝国》中的情况：智慧且有自我意识的存在物，它们对包含它们的物理世界一无所知。出于论证的目的，我们不妨假设强人工智能的支持者获得了成功，所以这种存在物可以存在。（鉴于AI和虚拟现实的快速发展，这并非难以置信。）

这些假想中的存在物的"感觉器官"并非连接物理世界的门户。相反，它们的输入是计算机生成的电信号。因此，这些存在物经历的"外部世界"，也就是它们称作知觉的数据流，在我们的思想实验中实际上是一长串由计算机程序生成的信号。由于这个"外部世界"来自某个程序员精心编写的指令，它可以遵循这个程序员想要施加的任何规则。

在这样的世界中，我们每一条原则都可以被抛弃。

例如，我们可以想象一种智慧且有自我意识版本的超级马里奥，它的感官宇宙就位于游戏世界之内。主宰这个有自我意识的超级马里奥所在的宇宙的定律，取决于马里奥所在的位置，具体而言就是它的等级。更普遍来说，这个宇宙的规则可以被程序员植入的不可预料的隐藏惊喜所颠覆，这些隐藏惊喜不仅包括古怪的规则，还包括故意破坏规则的所谓的复活节彩蛋。

我们可以构造一个占星术成立的世界，在这里，一个人的个性和命运的确由他出生时恒星和行星的位置决定。我们可以将其编入程序。我们也可以通过程序规定，在日食或月食时，会突然涌出各种怪兽。我们还可以允许人物施加魔咒，瞬间消灭遥远的敌人，然后局域性就可以去见鬼了。利用随机数，我们甚至可以引入噪声，让规则不可预测也不精确。电子游戏设计者们陶醉于各种这样的可能性中。

我们可以想象一个世界，在那里，奇迹可以发生并且确实发生了。我们也可以想象一个世界，那里的历史根据计划好的剧本达到一个预先决定的高潮。这些假想世界体现了设计智能理论的核心思想。

通过这种方式，我们已经想象出了这样一个假想世界：其中，我们的第一条原理具有误导性，其他原理则完全错误。这些思想实验表明，这些原理并非必须成立，更遑论显而易见。我们现在栖居的物理世界似乎满足这些原理，这一事实是一个令人惊讶的发现。意识到这一点并不容易，接受它就更难了。

每当我决定举起手来，某些与原理矛盾的事情似乎就发生了。事实上，"我决定举起我的手"这句话的语法就将其表露无遗：存在一个叫作"我"的事物——某种精神或意志——指使物理世界的某个部分如何行动。这是一种幻觉，或者至少是一种对事物的看法，它难以被抛弃。但是我们的原理要求我们用不同的方式来思考。

性质：物质是什么？

> 甜和苦是从俗约定的，热和冷是从俗约定的，颜色也不例外，实际上只有原子和虚空。
>
> ——德谟克利特，残篇（公元前400年前后）

德谟克利特的这段残篇可以被认为是原子论的奠基之作。残篇里的最后一句"实际上只有原子和虚空"本质上就是费曼的"宇宙万物由原子构成"。

德谟克利特的宣言具有深刻的挑战性。它否认了经验的客观事实——味觉、冷暖和颜色，它们是我们感受物理世界最直接的方式。毫无疑问，他想要表达的是，我们可以通过不甜、不苦、不热、不冷，也没有颜色的基本单元（对他来说是原子，对我们来说是基本粒子）来理解物理现实。他认为，甜、苦、热、冷这些感觉是一种对幕后发生之事的高度加工的包装和总结，而在幕后，基本粒子只是在按照自身的方式运行而已。但是通过告诉我们基本粒子没有（或者至少可能没有）哪些性质，德谟克利特提出了一个宏大而漂亮的问题：它们有什么样的性质？

对这个问题，德谟克利特自己的答案似乎是：基本粒子除形状和运动之外没有其他性质。他的基本粒子是一些带钩子的刚性物体，钩子解释了它们如何能够粘在一起形成固体，或者各种材料。他假定他的基本粒子可以自发运动，或称"转向"，去往它们更喜欢的位置。据德谟克利特所说，随之而来的不安和欲望之间的张力让世界保持生机。（由于我们只能找到一些残篇和早期的评注，准确了解他心中的想法是不可能的。但我认为以上所说的就是他的主要思想。）

现代科学给出的答案尽管在细节上与德谟克利特大相径庭，但是大胆程度丝毫不逊，甚至在简洁性上更加极端。最重要的是，它有堆积如山的实验证据支持。根据我们当前最新的理论，物质基本性质只有三个，从这三个基本性质可以推导出其他所有性质。这三个基本性质如下：

质量

荷

自旋

如此而已。

从哲学的角度来说，关键信息是，只存在极少的基本性质，而且你可以精确地定义和测量它们。另一条关键信息是：正如德谟克利特预计的那样，作为现实的深层结构的基本性质与日常事物的表现之间的联系非常遥远。尽管在我看来很难说甜、苦、热、冷和颜色都是"从俗约定"，但是肯定没错的是，要把这些感觉，还有更广泛的日常经验世界追溯到基本粒子的质量、荷和自旋的根源上，需要做很多工作。

在附录中，有一个关于质量和荷（包括电荷和色荷）的详细讨论。这里我想要谈一下自旋，它可能是人们最不熟悉的性质。

如果你曾经玩过陀螺，你就有了理解基本粒子自旋的概念基础。自旋的基本想法就是基本粒子都是理想的、无摩擦的、永不倒下的陀螺。

陀螺的有趣之处在于，它的运动方式在（非陀螺的）日常经验中并不常见。特别是，一个快速旋转的陀螺可以抵抗改变它旋转轴的外力。除非你施加一个很大的力，轴的方向并不会有太大改变。我们称陀螺拥有方向惯性。这个效应被用来为飞行器和航天器导航，它们携带的陀螺仪帮助它们保持航向。

陀螺旋转得越快，它抵抗想改变其方向的外力的能力就越强。通过比较力和陀螺的反应，你可以定义一个衡量方向惯性的量，它被称为角动量（angular momentum）。陀螺越大，旋转速度越快，角动量越大，因而它们对外力的反应就越小。

另一方面，每个基本粒子都是微小的陀螺。它们的角动量非常小。当角动量小到基本粒子那样时，我们就进入了量子物理的领域。量子力学常常会揭露出，很多我们曾认为是连续变化的量，事实上都由离散的微小单位，即量子组成。（这就是量子力学得名的由来。）角动量也是一样。根据量子力学，任何物体携带的角动量大小都有一个理论上的最小值，所有可能的角动量大小都是那个最小单位的整数倍。

我们发现，电子、夸克和一些其他基本粒子刚好都携带了理论最小单位的角动量。物理学家将这个事实称为，电子和其他这些基本粒子都是自旋为1/2的粒子。（物理学家之所以把角动量的基本单位叫作自旋为1/2，而不是自旋为1，有一个有趣的数学原因，不过这超出了本书的范畴。）

在结束这段对自旋的简介之前，我想要增加一点儿个人的评注。自旋改变了我的人生。我一直喜欢数学和谜题，并且小时候也爱玩陀螺。我在本科的时候主修的是数学。在芝加哥大学的最后一个学期，我的校园生活被学生抗议活动所干扰，课程也变成临时和半自愿的。著名物理学教授彼得·弗罗因德（Peter Freund）开了一门关于数学对称性在物理中的应用的高级课程。我利用这个机会上了这门课，虽然我还没有掌握所有的先修知识。

弗罗因德教授向我们展示了一些例子，表明建立在对称性思想上的极为漂亮的数学是如何直接导出了对可观测的物理现象的具体预测。他说话时眼睛睁大，目光里流露出近乎狂喜的热情。最令我印象深刻的数学与物理学相联系的例子是（至今也一直是）他向我们展示的角动量的量子理论。当一个旋转的粒子衰变为其他几个旋转的粒子时（这是量子世界中非常常见的情形），角动量的量子理论能预测出现衰变产物的方向和它们旋转轴方向之间的关系。得出这些预测需要大量的计算，而且它们预测的行为完全不是显而易见的。尽管如此，令人惊奇的是，这些预测都是对的。

感受到美妙想法和物理行为这两个不同宇宙之间深层次的和谐，令我醍醐灌顶。自此，它成为我的使命，而我从未失望过。

性质的哲学

让我再次强调，质量、荷和自旋这三个性质最重要且显著的特点就是，它们的数量如此之少。对于任何基本粒子，一旦确定了这三者的值，再加上它的位置和速度，你就可以描述它的一切信息。

我们日常生活中的物体是多么各不相同！我们通常遇到的物体有着各种各样的性质：大小、形状、颜色、气味、味道，等等。当我们描述一个人时，确定他的性别、年龄、个性、精神状态等诸多变量是很有用的。所有这些关于物体或人的性质，都提供了一份关于他们的信息。这些信息或多或少是相互独立的，没有哪部分性质决定了其余的性质。显然，正如德谟克利特的猜测，基本组分的简单与它们形成的产物的复杂之间存在令人惊讶的对比。

但与德谟克利特的观点不同的是，我们现代的基本组分并没有钩子。它们甚至也不是刚性物体。事实上，尽管我们出于方便称它们为"基本粒子"，但它们并非真正的颗粒。（也就是说，它们和"粒子"一词所暗示的形象几乎没有共同之处。）我们现代的物理学理论中，物质世界的基本组分并没有本质的大小或形状。如果坚持要视觉化它们，我们应该将它们想象为集中了质量、荷和自旋的无结构的点。取代"原子和虚空"的是时空和性质。

详细情况

并非所有基本粒子都生而平等，它们在我们对世界的理解中扮演了不同的角色。一些粒子主导了我们的日常生活，一些在天文学和天体物理中占有一席之地，还有一些粒子在万物的大图景下的角色我们还不完全清楚。

换言之，粒子可以被分为三种：建筑粒子、变化粒子和意外粒子。它们对物理学家和天文学家而言都非常有吸引力，但是建筑粒子是目前为止对理解我们经验世界最重要的一类，我会重点讨论它们。附录中还有对其他粒子的进一步讨论。

建筑粒子

"普通物质"可以被大致定义为构成我们自身和我们在生物学、化学、地质学和工程中常常遇到的物体的物质。现代科学的一个主要成就是，我们还可以用一种十分不同但更准确的方式来定义普通物质：它是由电子，光子，"上"和"下"两种夸克以及胶子构成的物质。

因此，我们可以用这五种基本粒子作为组分，来构造我们在日常生活中遇到的，以及构成我们身体的物质，而每一种粒子都被几条清晰的性质所准确定义。

下面这张表列出了这些粒子和它们的性质：

	质量	电荷	色荷	自旋
电子	1	–1	无	1/2
光子	0	0	无	1
上夸克	10*	2/3	有	1/2
下夸克	20*	–1/3	有	1/2
胶子	0	0	有	1

（我将在适当的时候解释表中标出的星号的含义。）

为了开始这项普查，让我简略回顾一下源于20世纪早期的原子的"经典"定义，然后我将改善它。在这个描述中，一个原子由一个小的中心原子核和围绕它的电子云构成。电荷的吸引作用将电子和原子核束缚在一起。原子核包含了原子几乎所有的质量和所有的正电荷。

原子核又由质子和中子构成。质子和中子的质量大约都是电子的2 000倍。质子携带正电荷，而且一个质子的正电荷刚好平衡一个电子的负电荷。中子不带电荷。因此，当原子核周围的电子数等于其中的质子数时，整个原子就不带电荷，也就是电中性。

电子是第一个被发现的基本粒子，也是在许多情况下最重要的基本粒子。电子由J. J. 汤姆孙于1897年首次清晰地识别出来。他在抽掉了大部分空气的"真空"管中研究了放电过程——本质上就是人工闪电。这个管子并没有完全被抽空（否则就没有可供研究的电子了），但是空的程度足够让其中的粒子有一些跑动的空间。（今天，我们知道当你施加一个很强的电场，即高电压，穿过被高度抽空的管子时，你会"电离"原子并剥落电子。带电粒子在外场作用下运动，并激起电火花。）通过施加电场和磁场并观察放电电流的不同部分的弯折程度，汤姆孙在放电电流中识别出了一种意义重大的成分。无论管中填充了何种气体，这种特殊成分在所有放电电流中都会出现，而且它在磁场中的弯折方式尤其简单。事实上，这种磁场中的"闪电弧"的形状，与你用电磁学定律计算电荷和质量为某个值的带电质点的运动得出的路径完全一致。汤姆孙很自然地提出，他的特殊放电电流由携带这个值的质量和电荷的粒子构成。这就是电子的诞生。无论初始气体为何，电子流都出现在所有放电电流中，这个现象意味着它们是一种基本且普遍的物质组分。

汤姆孙开创性的工作启发了许多后续的学术研究。不久以后，这些深入物质本性的探索促生了我们如今熟悉而普遍的技术——电子学。它的重要性怎么强调都不为过。

电子的行为已经在许多不同种类的实验中从各个角度得到了研究。例如，像我之前提到的，人们测量了旋转的电子（所有电子都有自旋）生成的微小磁场。物理学可以只基于电子质量、电荷和自旋这三个性质的假设，通过计算预言出这个磁场的强度。这个预言可以被计算到非常高的精度，同时磁场也可以被测量到非常高的精度，这两个精度都达到了十亿分之一的水平。令人欣喜的是，它们是一致的。

从操作上来说，一个电子的简单理想模型对电子行为的预言和实验观察到的电子行为之间能做到精确一致，就是我们所说的电子是基本粒子的含义。如果电子像原子那样有明显的内部结构，它们的行为就不会这样简单。比如，倘若电子的电荷被均匀分布到一个小球里，而非集中在一个点上，那么电子的磁场的预言值就会不同，也就和人们测量到的值不一致了。（当然，如果球足够小，这个区别也许可以忽略。但我们可以肯定的是，大自然并没有鼓励我们引入这种复杂性。）

同样的理由对我们将要讨论的每种基本粒子都成立。在被实验证据推翻之前，它们都赢得了"基本"这个称号，因为"只有极少的几个性质"这一严格假设已经有了大量令人瞩目的成功的结果。

在基本粒子和它们的性质的表格中，我以电子质量为单位来衡量其他所有基本粒子的质量，所以根据定义，它的质量为1。作为惯例，我也用了电子的电荷作为电荷的标准。不过，电荷的情况稍微有些复杂，故事要从我的偶像之一本杰明·富兰克林讲起。在成为一位著名的政治家和外交家之前，富兰克林对早期电科学做出了开创性的贡献。他发现了电荷守恒定律，也证明了存在正和负两种电荷。

富兰克林首次发现电荷有正负之分，他可以选择哪种电荷叫正，哪种叫负。他选择把玻璃在丝绸上摩擦之后积累的电荷叫正，这远在人们知道电子的存在之前。不幸的是，根据富兰克林的选择，电子的电荷是负。但要撤销这个选择已经太晚了，因为它已经渗透到了成千上万的书籍、论文和电路图中。因此，我们把电子的电荷列为–1。

光子是下一个被发现的基本粒子。远在人类历史之前，动物界（也许还有植物界）就已经"发现"了光的存在。另一方面，光以离散的单位出现，这个发现一开始是一个理论所提议的。光子就是光的基本单位。

爱因斯坦首次提出这个提议是在他的"奇迹年"1905年——这一年里他还提出了狭义相对论、证明了原子的存在（布朗运动）并提出了 $E = mc^2$。他称之为光量子假设。（"光子"一词随后由著名化学家吉尔伯特·路易斯于1925年提出。）这是一个革命性提议，但一开始反对声如潮。8年后，也就是1913年，马克斯·普朗克在推荐爱因斯坦为普鲁士科学院院士的热情洋溢的推荐信末尾，为爱因斯坦令人尴尬的谬论道歉："有时候，他会在推测中走向极端，比如他的光量子假设，但这不应该成为反对他的理由。"

讽刺的是，爱因斯坦的这一提议正是基于普朗克的工作。普朗克曾基于测量热的物体发光（所谓的黑体辐射）的实验结果论证光以一个个小包块的形式被发射和吸收。爱因斯坦将它解释为，光就是由包块组成的。爱因斯坦用他更具体的解释预测了一些其他可能的实验结果，但他提出的实验对1905年的技术而言非常有挑战性。直到1914年，也就是普朗克写这封信一年以后，罗伯特·密立根（Robert Millikan）才做出了对爱因斯坦的提议具有真正决定性的验证。

爱因斯坦在1921年因为光量子的工作获得了他唯一一次诺贝尔奖，虽然他完全应当多次获得这个奖。爱因斯坦本人也将光量子的工作看作自己最具革命性的工作。

当你研究的物质行为所伴随的能量比20世纪早期能达到的能量更高时，你就会遇到携带很大能量和动量的单个光子。这会让它们更容易被识别为粒子。高能光子被称为伽马射线，你可以用盖革计数器听到伽马射线到达时发出的一次次咔嗒声。

我们应该将光子和电子与原子核一起看作原子的组分。事实上，光子是最初的"胶子"。正是成群的光子化身为电场，把电子和原子核束缚在一起，黏合成了原子。

质子和中子不是基本粒子。实验证明，它们的行为太过复杂，以至于对基本粒子的描述不再可行。今天我们使用的质子和中子模型很容易描述，尽管它的发现和证明并不容易。它大致和原子理论平行发展，认为质子和中子是由两种被称为上夸克和下夸克的类似电子的粒子，由类似光子的胶子结合在一起。

虽然基本想法相似，但原子（由电子、光子和原子核组成）

的组合方式和质子（由夸克和胶子组成）的组合方式有一些重要的区别：

- 由色荷控制的强力远强于由电荷控制的电磁力。这就是为什么由强力紧紧束缚在一起的原子核要比原子小很多。
- 尽管电子总是互相排斥，但夸克由于有三种色荷，感受到的力会更为复杂，有可能是互相吸引的。这种可能性使得夸克与电子不同，并不需要一个由其他物质组成的"核"而结合在一起。
- 尽管光子是电中性的，即它们不带电荷，但强力的载体胶子并不是色荷中性的。胶子感受到的强力和夸克相当（事实上比夸克还更多）。这也是质子和中子比原子更加均质的另一个原因：力的携带者也受到它自己的影响。

为了给夸克和胶子一个完整的解释，我们需要讨论它们的质量。[①]对于胶子来说，这很简单：和光子一样，胶子没有质量。关于夸克，最重要的事情是，它们的质量相对于电子很大，但相

----

① 夸克也携带非零的电荷。两种夸克的区别是，上夸克的电荷是2/3，而下夸克的电荷是-1/3。质子由两个上夸克和一个下夸克组成，所以它们的电荷是 2/3 + 2/3 – 1/3 = 1。中子由一个上夸克和两个下夸克组成，所以它们的电荷是2/3 – 1/3 – 1/3 = 0。

对于质子和中子却很小。

质子质量远大于组成它的物质的总质量，这看起来似乎自相矛盾。但事实上，这指向了人类理解大自然的最高成就：用能量来理解我们质量的来源。我们将在下一章进一步讨论它。

精确测量上夸克和下夸克的质量很困难，因为很难在其他更明显的效应下分辨出它们质量的影响。这就是为何我在表中（见69页）它们最好的估计值旁边标注了星号。

我们应该也把引力子加到建筑粒子的名单中。引力子就是构成引力场的粒子。光子把原子和分子结合在一起，胶子把夸克、质子和原子核结合在一起，而引力子把行星、恒星、星系和各种大的物体结合在一起。

	质量	电荷	色荷	自旋
引力子	0	0	无	2

引力子从来没有以单个粒子的形态被观察到，要想观察到它们是不现实的，因为它们和普通物质的相互作用太过微弱。被观察到的是引力，以及最近的引力波。理论上来说，这些可观测效应都来自许多单个引力子的集体行为。

我列出的引力子的每一条性质都和引力子产生的可观测的引力的特征有清晰的关联。由于引力子没有电荷和色荷，它们只能与普通物质进行微弱的相互作用。而因为它们没有质量，引力子又可以轻易地大量产生以形成引力场和引力波。

引力子的自旋相对更大，意味着它们的相互作用比其他基本粒子更加复杂。事实上，可以证明爱因斯坦的引力理论——广义相对论，可以由引力子和自旋相关的性质直接推导出来。这一事实展示了质量、荷和自旋这三项物质的基本性质令人瞩目的力量：它们可以完全解释物质的行为。爱因斯坦自己最初得出广义相对论的道路虽然绝妙到难以置信，但远没有这么直接。

建筑粒子之旅就要结束了。如果这是你第一次接触这些想法，这些陌生的概念和它们的具体表现可能会让你有点儿头晕。尽管如此，基本信息应该是很鲜明的：物理世界只由极少的几种组分构成。而且，这些组分的性质屈指可数，在这个意义上，它们也极为简单。

组分的未来

基本粒子的名单比英文字母表短多了，也远远短于门捷列夫的元素周期表。这个组分名单与描述四种力的定律一同给出了一个强大而成功的对物质的描述。我们将在下一章探索它们。其中我们也会讨论一些诱人的线索和想法，探索如何才能得到更加简洁的描述。

不过在那之前，我想从一个不同的、更实际的角度来考虑构成世界的基本组分的未来。我将描述两种前景光明的策略，它们旨在制造新的有用的"基本粒子"。两种策略都受到了大自然的启迪：一种策略从外到内，灵感来自物理学；另一种从内到外，灵感来自生物学。

设计师粒子，场景一：美丽新世界

我们可以把分析世界整体所用的想法用来思考材料。当我们向材料注入一点儿能量、一点儿电荷或自旋，产生的扰动一般会凝结成一些包块或量子。这些"天外来客"的包块叫作准粒子，它们可以拥有许多和我们在真空中遇到的基本粒子完全不同的性质。

空穴是一类简单但极其重要的准粒子。在一块典型的固体中，有许多电子。当固体处在没有被扰动的平衡态时，电子会以一定的模式自行排列。现在想象我们拔出一个电子，产生的状态中就会有一个电子"原本应该在"的空位。在快速地恢复平衡之后，固体中常常会留下一个携带+1电荷的准粒子（前文说过，电子的电荷是–1），因为它产生于一个电子的空缺。我们称它为一个空穴。

空穴提供的正电荷（准）粒子比真空中和它类似的质子更轻，也更容易操纵。在晶体管中，乃至更广泛的现代电子学中，空穴都是明星角色。对如何制造和利用空穴的理解改变了世界。

在其他情形下，准粒子直接来源于真空中的基本粒子，它们处于材料内部时，就会获得与在真空中不同的性质。一个优雅的例子是超导。光子进入超导体后，它们的质量从零变成一个很小的非零值。（这个值的大小取决于具体的超导体，典型的值是电子质量的百万分之一。）事实上，对于经验丰富的物理学家来说，光子获得质量就是超导的本质。

我最早的物理研究集中于传统意义上的基本粒子。但在更早的时候，有一次学校组织我们去贝尔实验室参观，其间有一段经历深深印在我的脑海里，并最终改变了我的一生。在访问期间，我们听了一次讲座，其中一位科学家在介绍自己的工作时提到声子是振动的量子。我没有理解他所讲的内容，但是我觉得这是我听到过的最酷的事情——三个奇怪的概念，每一个都有一个响亮的名字，这三个概念因为某种原因被搅在了一起。在回家的路上，经过苦苦思索，我设法说服自己，他的意思是材料本身就像一个世界，它与我们的世界不同，里面有自己的各种粒子。这个想法让我着迷。

发明新的基本粒子是一项缓慢的工作。以上我讨论的和附录中的所有基本粒子，早在20世纪70年代就为人所知或被十拿九稳地预测到了。而另一方面，在准粒子的世界里，还存在大量可供想象和创造的余地。回想起来，那次学校组织的参观活动让我得以一瞥新的地平线。

15年后，我终于抵达了那道地平线。我在这里只提一个亮点。任意子（anyon）是一种有简单记忆的准粒子。我在1982年提出了它们，并给它们起了这个名字。它最初纯粹是一个智力训练，我想要证明准粒子可以承载一点儿记忆，作为一个额外的性质。［后来我发现两位挪威物理学家约恩·马格纳·莱纳斯（Jon Magne Leinaas）和扬·米尔海姆（Jan Myrheim）更早地讨论了相关想法。］在那个时候，我并没有想到这种准粒子可以对应于哪种特质的材料。

不过，几个月后，我了解到一个叫作分数量子霍尔效应（FQHE）的发现。[①] 在FQHE的材料中，一个射入的电子被分成几个准粒子，每一个都携带了原来电子一部分的电荷。我意识到这些准粒子之间一定存在非常奇特的力，这让我怀疑它们可能是任意子。1984年，我与丹·阿罗瓦斯（Dan Arovas）和J.罗伯特·施里弗（J. Robert Schrieffer）合作，设法证明了它。

从那以后，我进行了许多关于任意子的研究，其他数百名物理学家也加入了这个行列。人们希望利用任意子作为量子计算机的组件，因为这样可以利用它们的记忆来存储和操纵信息。微软公司已经向以此为目标的研究投入了大笔资金。

---

① 罗伯特·劳克林（Robert Laughlin）、霍斯特·施特默（Horst Störmer）和崔琦因为这个发现共同获得了1998年的诺贝尔物理学奖。

物理学家和充满创意的工程师还提出了许多有趣的和有潜在用途的新型准粒子。它们都有讨喜的名字，比如自旋子（spinon）、等离体子（plasmon）、电磁极化子（polaritron）、电磁通量子（fluxon）以及我最喜欢的激子（exciton）。它们中有些善于捕捉辐射能量，有些则善于把能量从一个地方转移到另一个地方。这两种天赋可以被结合在一起，用于设计高效的太阳能系统。

拥有奇妙的准粒子的美丽新材料世界，将会是物质未来的重要组成部分。方兴未艾的超构材料领域就是系统性地设计这些新材料的领域。

一旦你开始认为材料是准粒子的家园，一个深刻的问题即将出现：我们是否可以认为"真空"自身也是一种材料，它的准粒子就是我们的"基本粒子"？答案是可以，而且我们应该这样认为。在随后的章节中可以看到，这条思路已经产生了丰硕的成果。

设计师粒子，场景二：智慧材料

生物学暗示了物质未来的另一个方向。细胞是高等生命形式的"基本粒子"。它们的形状和尺寸各异，但是它们拥有大量共同的技巧，可以发挥信息仓库和化工厂的功能。它们也拥有连接外部世界的复杂接口，使它们能够收集资源和交换信息。

生物学上的细胞远不是简单的物理学上的物体。从头开始建造拥有细胞的核心功能的人工单位是一项令人生畏的挑战。

且可行，制造新型类细胞单元的大门就会打开，它们可以填补患病或衰老的细胞，或者引入新的功能，比如将有毒废物消化成无害或有用的材料。当前许多分子生物学家常用（并不断取得成功）的则是另一种短期策略：对现有的细胞类型进行微调。

另一方面，我们不用完全模仿生物结构，也能从中获得启发。汽车不是增强版的马，飞机也不是增强版的鸟，实用的机器人更不必长得像人。生物细胞最独特的特征是可调制的自我复制能力，这是当今的人类工程所无法比拟的。在适当的、合理宽松的环境中，细胞会收集原料制造与自身相似但不必完全一样的新细胞。细胞与其后代的区别并不是随机的，而是遵循着细胞内部的程序。

自我复制解放了指数增长的力量。一个细胞经过10代复制就有超过1 000个细胞，经过40代左右就有数万亿细胞，这足够制造一个人体。程序化的区别，也就是调制，可以生成（也确实生成了）专门化的细胞以适配不同功能，比如肌肉细胞、血细胞和神经细胞。

在远比生物细胞简单的人工单元上实现可调制的自我复制的强大策略应该是可能的，尤其是在它们的目标用途不如制造一个活的生物器官那么复杂和精细的情况下。一些宏大项目似乎就是这种类型，比如将行星地球化或者建造像山那么大的计算机，它们的实现过程在结构上高度重复而且在细节上要求宽松。可调制的自我复制是一个十分强大的概念，我相信它会在未来的工程中发挥重要作用。

极少的定律

基本物理定律（law）①生效的方式与人类社会中的法律（law）截然不同。人类社会有许多法律，它们因地制宜、因时而异。法律预设了人有可能会选择采取的许多行为方式，并且针对这些行为提出了相应的处置措施。我们无法依据法律进行冗长的推理进而得出什么明确的结论，甚至不同的法律专家也常常对同一条法律条文的含义持不同意见。

基本物理定律在这些方面与法律不同。首先它们的数量很少，而且它们不会随着空间和时间的改变而发生变化。物理定律只是描述了将要发生什么事情。物理定律常常包含有精确定义的

---

① 我在这里提到的"基本"定律，指的是理论上完全无法从其他规律中推导出来的规律。有一些具有重大意义、对我们理解自然起到核心作用的定律，在这个意义上并不是"基本"的。热力学第二定律就是一个很好的例子。

物理量，它们可以被写成数学方程式，而且不同的物理学家对于同一个物理定律不会有任何意见的分歧。推导出物理定律的结果只是一个计算上的问题，你大可以编写程序让电脑来代替你做这件事。

孩子眼中的世界的运行方式并不是像物理定律那样理想化的，而是与人类法律描绘的模样更加接近，大多数人在成年之后依然会保持这种观念。我们对"权衡利弊并做出选择"这些事有直接的经验。我们头脑做出的选择似乎能够对现实世界产生影响。确切地说，它们可以控制我们身体的运动。我们会根据实际经验对人和事物的行为形成预期，而很少通过逻辑和计算去推理。没有人会依据牛顿运动定律来计算自己应该怎么走路、骑车或者打球，更不用说那些量子力学的理论了。

为了达到这种"基本"的理解，我们需要改变我们从孩提时代就习以为常的思维方式。只有这样，我们才能超越法律的概念，逐步理解物理定律的含义。

局域性的荣光，电磁场的辉煌

牛顿出版于1687年的著作《自然哲学的数学原理》为我们理解物质世界建立了一个强有力的理论体系，直到19世纪，该体系仍在科学探索中占主导地位。这个体系内的物理定律展示了物体之间如何相互施加力的作用。牛顿的万有引力定律就是其中一例，它是成功定律的典范。这一定律告诉我们，物体间有一种相互吸引的力，力的大小与二者质量的乘积成正比，并与它们之间距离的平方成反比。

人们开始研究其他种类的力的时候，确切地说是研究电磁力时，也试图沿用牛顿理论的基本框架。一开始很顺利，比如静电力所遵循的库仑定律就与牛顿的万有引力定律相呼应，只是将质量替换为电荷量罢了。

但是磁力就不一样了。事实证明，磁力的计算还挺复杂，它不仅与物体的位置有关，也和速度有关。后来人们又开始研究电力和磁力同时存在的情况，这就进一步增加了问题的复杂性。

迈克尔·法拉第（1791—1867）自幼家境贫寒，尽管他自学成才成为一名实验物理学家，但是从小缺乏良好教育的他无法理解那些有关力学的物理定律中错综复杂的数学计算，于是他只好通过想象来思考科学问题。在他的想象中，带电和带磁的运动物体是通过空间向外界施加影响的，这种空间就像大气一样，你即使感受不到它的存在，也会受到它的影响。法拉第生动地称之为"力线"，现在我们将这种作用称为电场和磁场。法拉第的弟子和传人、天纵奇才的理论物理学家詹姆斯·克拉克·麦克斯韦（1831—1879）这样说道："在数学家看到作用于物体中心的超距吸引力的时候，法拉第凭借他特有的思维看到了穿过整个空间的力线；数学家只看到了距离，而法拉第看到的是一种媒介。法拉第在这种媒介中寻找力的作用从何而来。"

在不循常规的思想的指引下，很快，法拉第就发现了一个非凡的效应，如果不引用场的概念，甚至都无法描述这种现象。这就是著名的法拉第感应定律，该定律阐明，随时间发生变化的磁场会产生涡旋电场。法拉第通过这一发现揭示了"场"确实存在。

我们可以以日常生活中常见的水作为模型来说明，法拉第设想的这种充斥整个空间的媒介是如何通过局部区域发生的作用在远处的物体之间产生作用力的。如果一艘移动中的船（或者摩托艇）在湖面上激起了一圈水波，这圈水波的影响随即就会在湖面上扩散开来，其本质是某个区域的水在移动的过程中推动着周围的水——当然也仅仅是周围的水。而最终，哪怕在湖中游泳的人离水波的源头很远，他也能感受到水波对自己施加的力。我很喜欢游泳，这种事情我经历过很多次，可以算得上是我的烦心事之一。如果它来得毫无征兆，那情况还会更糟，不过我往往能提前看到有波涛袭来。在这件事上局域性也有好处，至少它不会让你完全措手不及。

法拉第有关局域性的更全面的构想引发了一场物理学的革命。这种填满了整个空间的电磁场如此具有生命力，它一定在这个世界的组成中占有一席之地。基于空间中的粒子（这又要回溯到德谟克利特的"原子和虚空"了）的牛顿力学理论体系无法解决有关电磁场的问题。这样一来，我们对这个世界的描绘就变得更加丰富多彩。正如麦克斯韦所写：

> 浩瀚的星际空间将不再被视为宇宙中的荒原，不再是造物主眼中不适于填充他的世界中各种象征秩序的符号的地方。我们会发现太空中已经充满了这种奇妙的媒介：它遍布每一个角落，以至于人类的力量根本无法把它从空间里哪怕最小的一个部分中除去，也不可能使其无限的连续性产生一丝一毫的缺陷。

虽然麦克斯韦这篇慷慨激昂的散文似乎有些言过其实，但我们得想想他为什么会有这样的想法。麦克斯韦在刚刚踏入科研领域时就决定开始研究电磁学，那时的他就已经受到了法拉第的科学发现以及概念的启发。他决定摒弃相对来说发展得更加成熟、研究热度更高的牛顿力学理论体系，而是以法拉第出于直觉提出的场论为基础开展研究。麦克斯韦提出：

> 在能量随着时间推移从一个物体传递到另一个物体上的过程中，必然存在一种媒介或物质，用于储存离开前一个物体之后还没进入下一个物体的能量……如果我们将这

种媒介的存在作为一种假设，那么我认为它应当是目前研究工作的重点，我们应该在心目中描述出这种媒介的所有作用特征。

麦克斯韦在数学上阐明了这个新观点之后，他发现，如果想要得到自洽的方程组，就需要另一个方程来补全法拉第感应定律，在这个方程中，电场和磁场的角色和法拉第感应定律的描述是相反的。在麦克斯韦感应定律中，随时间变化的电场会产生涡旋磁场。

麦克斯韦把法拉第和他自己的场论结合到一起之后，发现它们产生了一个惊人的新结果，即电场和磁场中会产生一种循环往复、向外传播的扰动。变化的电场激发变化的磁场，变化的磁场又激发变化的电场，变化的电场继续激发变化的磁场……根据他的计算，这些扰动传播的速度与当时已经被独立测得的光速应该是相同的。于是麦克斯韦立即指出："结果的一致性似乎表明，光和磁是同一种物质的不同特性，根据电磁定律，光是通过电磁场传播的电磁扰动。"

他是对的。

除了可见光，也就是我们人类的眼睛能够感知的所有波长的光之外，可能还有更多种类的电磁扰动。麦克斯韦预测了比可见光波长更长以及更短的电磁扰动的存在，其中包括当时完全未知且意想不到的新型辐射。现在，我们将它们称为无线电波、微波、红外线、紫外线、X射线以及伽马射线。

自麦克斯韦第一次提出麦克斯韦方程组之后，过了20多年，对它的实验验证才姗姗来迟。海因里希·赫兹设计并制造了第一台无线电发射机和接收机，完成了验证过程。赫兹的目的是把美妙的数学思想变成现实，他觉得自己已经成功了。"这是一种不可避免的感受，"他写道，"这些数学公式有自己独立的生命，有自己的智慧，它们比我们聪明多了，甚至比它们的发现者还要聪明，我们从这些公式身上得到的东西比最初寻找这些公式付出的东西多得多。"

法拉第、麦克斯韦和赫兹的研究工作横跨了大半个19世纪，在他们之后，人们开始将这种充斥于整个空间的场视作这个世界的基本组成部分之一。

力与物质：量子场

一开始，场被认为是物质世界中一种额外的成分，独立于粒子存在。到了20世纪，场的地位急剧上升，完全占据上风。现在，我们知道，粒子其实是背后一种更加深刻、更加完整的实体的表现，粒子就是场的化身。

之前提到，爱因斯坦在普朗克工作的基础之上，提出了光是以离散的单位存在的，爱因斯坦将这种粒子称为光量子，我们现在把它叫作光子。爱因斯坦的设想最初遭到物理学界冷眼相对，因为"光以粒子的形式存在"这种观点和麦克斯韦基于场论对光的理解似乎无法相容。麦克斯韦的理论取得了丰硕的成果，其成果包括赫兹所做出的划时代的发现，并且随着对麦克斯韦预测的新型辐射的研究逐渐深入，其理论的说服力也逐渐加强。

在空间中无限延伸的场似乎与粒子迥然不同，很难想象光居然能同时具备这两种特性，但是实验结果告诉我们事实就是如此。

量子场的概念调和了场和粒子这两种不同的特性。顾名思义，量子场也是一种场，即充斥整个空间的媒介。电场和磁场都可以被量子化，并且量子化的电磁场仍然满足麦克斯韦方程组，而19世纪的物理学家在提出这些方程的时候，甚至还不知道量子力学是什么。

不过量子化的电磁场还满足其他的方程，这些方程有一个令人费解的名字叫"对易关系"，但是我在这本书里会使用"量子条件"这么一个不太正式的名称。无论你怎么称呼它们，这些额外的方程以数学的形式表达了量子理论的本质。1925年，24岁的维尔纳·海森堡提出了量子条件的一般概念。不久之后，保罗·狄拉克在1926年提出了适用于电场和磁场的特定量子条件，那一年他同样也是24岁。

需要满足的方程越多，解就越少。我们之前已经讨论过了，麦克斯韦发现光是一种在电场和磁场中生生不息、持续移动的激发，但麦克斯韦方程组的解并不都满足量子条件，符合要求的解必须满足电磁场的能量和频率（即场振荡的速率）之间的特定关系。我会用文字以及简单的方程式来说明这一重要关系：激发的能量必须与一个非零常数（即普朗克常数）和频率的乘积相等，写成方程就是 $E = h\upsilon$，其中 E 是能量，υ 是频率，h 是普朗克常数。这个关系是由普朗克于 1900 年提出的，而爱因斯坦则在 1905 年利用这个关系预测了光子的存在，因此它被称为普朗克－爱因斯坦公式。物理学家花了 20 年的时间才参悟这一与实验结果密切相关的革命性新发现，并最终从理论上得出了一致的解释。这样一来，麦克斯韦方程组和光以离散单位的形式存在的概念就被统一到了一起。

这些有关电磁场和光子的宏伟画卷直接引出了另一个关键性的洞见，这一洞见解释了自然界中为什么有那么多可替换的部件，以及它们是如何产生的。

如果我们对这个世界的基本成分的认知只停留在基本粒子的水平上，那么就会留下一个悬而未决的基本问题。因为在这个层面上，我们必须假定每一种基本粒子都存在许多完全相同的副本：许多相同的光子、许多相同的电子，等等。

在人类的制造史上，标准化、可替换部件的发明是一项伟大的创新。为了实现这一目标，我们必须发明新的机器和材料，以便于制作模板并维持其精确性。即便如此，这些部件被制造出来以后便会遭受磨损，这最终将会导致它们不再完全相同。

然而，无论何时何地，我们观察到的光子都具有相同的性质。不同的光，无论它们来自何方，只要颜色相同，那么它们就是相同的东西——它们具有相同的属性，以相同的方式与物质相互作用。同样，这个世界上每一个角落中的电子也都是完全相同的。例如，如果不同碳原子中的电子不具备相同的性质，那么每个碳原子的性质就不会相同，化学也就不会起作用了。

大自然是怎么做到这一点的？若要理解这种令人困惑的同一性，我们就需要将所有光子的起源追溯到一个共同的、普遍的电磁场。以此类推，我们还要引入一种新的场（被称为电子场），这种场的激发形成了电子。由于每一个电子也都起源于同一个普遍的场，因此所有的电子也都具备相同的性质。

场是实现局域性的必要条件，粒子产生于量子场。根据这一逻辑，我们对粒子的存在及其惊人的可替换性有了更深层次的理解。毕竟，我们没有必要引入场和粒子这两种不同的基本成分，光有场就够了，当然了，我说的是量子场。

回到场这个概念的起源，在法拉第试图描绘整个空间中电与磁的影响的过程中，我们可以认识到量子场统一我们的世界观的另一种方式。根据法拉第的设想以及麦克斯韦方程组，产生光子的量子化电磁场同样会产生电磁力。

总结：

对力的研究把我们引向场，对（量子）场的研究又把我们引向粒子。

要研究粒子，就要研究（量子）场；要研究场，就要研究力。

因此，我们认识到，物质和力实际上是同一个根本实体的两个方面。

四种力

在这一节中，我会使用前一章讨论过的框架，即体现在几种粒子中的原理和性质，简要概述我们对于已知的四种力的全部理解。我还会更深入一层，介绍我们刚刚讨论过的那些替代了粒子的场。

这四种力分别是：

- 电磁力，描述它的量子理论是量子电动力学（QED）；
- 强力，描述它的量子理论是量子色动力学（QCD）；
- 引力，由爱因斯坦的广义相对论描述；
- 弱力。

电磁力和强力主导着我们对地球尺度的物质的理解。电磁力将原子聚集成一个整体，主宰了原子的结构，并且描述了原子与光相互作用的方式。强力则将原子核聚集成一个整体，主宰了原子核的结构。

基本粒子之间的引力作用是非常微弱的，但是当大量粒子聚集在一起时，引力的影响就会累积，并且开始主导大型物体之间的相互作用。

弱力主导变换的过程，它会导致一些本来稳定的粒子衰变，如某些放射性现象。值得注意的是，它还会启动一种释放能量的相互作用，正是这种相互作用为包括太阳在内的恒星提供了能量。

在我们进行更加细致深入的讨论之前，我需要解释一下我做出的两个选择。第一个是选择简单的词汇。比如，物理学家实际上常用的概念是"四种相互作用"，而不是"四种力"，不过我的这个选择有正当的理由。"力"在牛顿力学中有精确的定义，它是改变物体运动状态的原因。但是在"弱力"这个词中，"力"这个字就不能这么理解了，因为弱力除了改变物体运动状态以外还有其他作用，也就是把一种粒子变成另一种粒子。尽管如此，我还是坚持用"弱力"，因为这个词比起"弱相互作用"来顺口多了[1]。

我做的第二个选择，则触及了我希望在这本书中达到的核

---

① 也就是说，念起来更加"有力"。

心目标。有关这四种力的理论的至高荣耀之处在于，我们用几个数学公式就可以把它们准确无误地表达出来。这意味着，这些理论包含着一些在哲学上切实可感的东西，你不需要接受数学训练也能理解。也就是说，我们能在不丢失有效信息的情况下，将这些理论转换成相当短的电脑程序。当然，你还可以将这四个单独的程序合并成一个主程序，这就是这个物质世界的操作系统，它仍然比你家电脑上的操作系统要简短得多。

但这种奇特的"数据压缩"也有另一面，那就是其信息的编码方式与任何一种人类自然语言都截然不同。原始公式以及与这些公式等价的计算机程序所使用的符号和概念，与自然语言赖以建立的日常经验相去甚远。我们需要经过大量的计算和解释，才能从原始公式中得出易于讨论的结果。所以我必须在这里做出一个选择（实际上是一系列选择），决定使用多原始的方程以及强调哪些结论。最重要的信息依然是，只需要很少的几条定律就足以掌握整个物质世界。

量子电动力学（QED）

含有电荷的原子

从计算静电力的库仑定律到麦克斯韦方程组，这些电磁相互作用的基本规则都是用与人体大小相当的物体做实验后推导出来的。当人们开始探索亚原子世界时，他们也默认电磁力是原子物理学中唯一需要重点关注的力，并且认为可以继续使用麦克斯韦方程组来描述这些力。这就是一种"激进的保守主义"的做法。

这个大胆的策略非常有效。如果你认识到，一个原子的大部分质量以及它所有的正电荷都集中在一个小小的原子核里，其余的部分由电子组成，那么把剩下的事情交给麦克斯韦方程组和一个适用于电子场的量子条件就可以了。以上这两个要素为我们构建了一个既精确又丰富的原子模型。

我们怎么才能知道这个模型对不对呢？迎着夺目的光，原子发自灵魂的歌唱。这句带有一丝诗意的话表达出了光谱的艺术性和科学性。

光谱学

我们要从光子场[①]和电子场开始说起。光子源于光子场的量子条件，它们是电中性的，彼此之间不会直接产生影响。

电子源于电子场的量子条件，电子之间通过静电力相互影

---

① "光子场"和"电磁场"这两个术语是等价的。

响。正因如此，我们不能仅仅把最基本的独立激发简单地相加来构建电子场所有的激发。但是，当电子之间相距很远时，它们相互作用的能量远小于它们的质量中所包含的能量（通过 $E = mc^2$ 计算得出），因此它们自身的完整性得以保留。换句话说，电子场中基本的激发看起来就像是一堆相互影响的小粒子（也就是电子）。这些电子就是大部分基础科学课程以及高等化学和生物课程的基础。

为了模拟一个原子，我们引入了原子核的影响以及一个电子场，其中包含的电子足以平衡原子核的正电荷，然后让原子核与电子场的激发相互作用。在这种情况下，电子场的精确方程会变得非常复杂，因为我们需要同时考虑原子核对电子的影响以及电子彼此之间的影响。这些基本定律就是原子物理学以及化学这些学科的基础。古往今来，无数天资聪颖的人倾其一生，只为探明其中的部分。

然而，我们的目标更为宽泛，也更为有限。我们想要以一种非常普遍的方式来理解原子物理学的一些最基本的预测是什么样的，以及它们与基本定律之间有什么联系。对此，原子物理学的核心非常简明扼要：我们可以通过研究原子发出的光的颜色，收集到许多有关原子的详细信息。

原理是这样的：一个原子能以不同状态存在，不同状态带有的总能量不同。由量子条件可知，原子带有的能量值不能连续变化。原子从较高能量的态衰变为较低能量的态时会向外辐射一个光子，我们可以通过这个光子的能量得知原子衰变前后两种态能量的差值。普朗克和爱因斯坦告诉我们，光子的能量与它的频率有关，而频率与颜色是等价的，这是可以用实验测量的。

原子发出的一系列颜色就是它的光谱，对光谱展开的研究已成为专门的学科，即光谱学，这是我们与大自然交流的最有力的工具之一。它不仅可以用来研究电中性的原子，还可以用来研究分子、带电的原子（离子），或是其他任何能发射光子的东西。

1913年，在量子力学还没有像现在这样发展成熟的时候，尼尔斯·玻尔灵光一现，凭空猜测出了一些规则，用于限制氢原子的能量大小。这些规则预测的光谱与现有的观测结果非常吻合，不过这倒没什么可惊讶的，因为规则本身就是根据这些观测结果设计出来的。真正意义非凡的是，玻尔的理论还带来了其他的预测，而这些预测都是正确的。当爱因斯坦在一场学术会议上首次得知其中非常重要的一条得到证实的时候，他显然被打动了，并且针对玻尔的研究说道："那么这就是最伟大的发现之一。"

玻尔这项巨大的成就影响深远，它启发人们去寻找逻辑连贯的、更普遍的量子条件。如今，我们将玻尔定律和普朗克–爱因斯坦关系看作现代量子条件的先驱。

爱因斯坦把玻尔的研究称为"思想领域中最华美的乐章"。不过，在这之后发展起来的现代量子力学还要更上一层楼——量子力学中的方程和与音乐相关的方程惊人地相似。

比如，原子核周围的电子场的方程很像一种由奇怪的材料制成的锣敲出来的声音的方程。原子发出的颜色谱和锣发出的声谱恰好对应，二者都反映出各自的"乐器"具备稳定的振动模式。但是原子的光谱并不是出于音乐的目的设计的，它们无法形成能奏出合理音阶的音符。尤其是当涉及多个电子的时候，振动模式就会变得非常复杂。原子光谱是完全确定的，理论上可以计算出来，但是很复杂。

光谱这种有规律的复杂性，是一份人类应当珍视的幸运。由于每一种不同的原子发出的光的模式都不相同，所以原子光谱成了一种独有的特征，就像我们的指纹一样。因此，我们仅仅通过观察，并且认真仔细地注意它们的颜色，就能辨别那些在空间和时间上距离我们很远的原子的特性，并研究其行为。这样一来，宇宙就变成了一个巨大的、设备精良的化学实验室。所以，光谱学是天体物理学和宇宙学的支柱。

光谱学还可以用于验证基本定律。因为迄今为止，我们在理论上对这些光谱进行的精确计算（只要我们有能力进行精确计算）和精密的观测结果是相一致的，所以我们对于这些定律的正确性胸有成竹。另外，天文学家和化学家迄今为止在任何地方、任何时候看到的原子光谱都是相同的，因此我们能够得出这样的结论：在宇宙的每一个角落，在宇宙的整个历史中，一直都是相同的定律主宰着相同的基本物质，从来不曾改变。

量子色动力学（QCD）

上述这些原子建模和光谱学的斐然成果均来源于一个大胆的假设，即原子内部有一个很小的原子核，其中包含原子的全部正电荷以及绝大部分质量。从逻辑上来看，在取得了这一系列的成功之后，基础物理学的下一个议程应当是继续深入了解这些原子核。它开启了一场探索之旅，这趟旅程主导了20世纪大部分时间里的物理学研究，途中有许多坎坷，却也处处都有惊喜的发现。在这里，我会跳过这一段历史的绝大部分，直接进入基本原理的讲述。如果你想了解更多有关核物理早期历史的故事，以及核物理那个出乎意料地改变了整个世界的副产品，那么我强烈推荐理查德·罗兹的《原子弹秘史》一书。

在量子色动力学诞生之前，核物理领域最重要的发现是，以质子和中子为成分来建立原子核的模型是有成效的。但是，由于质子之间的静电斥力倾向于让原子核瓦解，而引力又太弱，无法平衡这种斥力，所以质子和中子之间一定有一种未曾发现的、能使原子核合在一起的力存在。人们将这种全新的力称为强力，并着手对其展开研究。然而，当人们带着这一目的去研究质子和中子的行为时，事情很快就变得混乱起来。直到研究者观察到了质子的内部后，研究工作才取得了决定性的进展。

质子内部

为观察质子内部，物理学家采用了类似于之前研究原子内部时所用的策略，即散射实验（盖革–马斯登实验）。这种实验方法我们之前讨论过，不过在这里使用的粒子束种类不同，实验过程也有额外的改动。他们将关注对象置于一束粒子的照射下，观察粒子束是如何偏转的，并从观察到的现象倒推是什么样的结构导致了这样的结果。

关键的改变在于，我们不仅要研究粒子束（在这项开拓性的实验中，我们使用的是电子）发生了多少偏转，还要研究粒子束损失了多少能量。这些额外的数据可以让我们精细分辨很短的时间和很小的空间内发生的事件，基于此结果再进行大量的图像处理工作之后，我们就能够得到质子内部的快照。事实证明，获取快照是极为重要的，因为质子内部的物体运动极快。长曝光的拍摄（在这里，曝光时间超过一亿亿亿分之一秒就算长了）只能得到模糊的图像。

自由和禁闭

质子内部的图像为我们带来了一些惊喜。首先，它们证明了质子中包含更小的粒子，比如夸克。科学家之前在规划针对强相互作用粒子的观测时，就将夸克作为指导观测的理论工具，但是这种粒子的存在一直受到广泛质疑，甚至提出者之一默里·盖尔曼自己也表示怀疑。他将夸克比作法国菜谱中的小牛肉："一块野鸡肉夹在两片小牛肉之间煮熟之后，这两片小牛肉就会被丢弃。"

（夸克理论的另一位提出者乔治·茨威格对于夸克的理解则更较真。他花了很多年时间，试图设计一种方法来探测在质子之外独立存在的夸克。这些尝试从未成功过，而现在我们已经知道，或者说是自以为已经知道，这些尝试注定会失败。）

在真正观测到夸克之前，我们对其存在与否的怀疑并不是没有道理的，因为它们具备一些我们前所未见的特性和行为。一方面，它们的电量只相当于一个电子所带电量的一部分，而这种分数电荷量是之前没有出现过的；另一方面，夸克从不会独立存在，而是存在于质子以及其他强相互作用粒子（也就是所谓的强子）中。

后一种行为被称为"夸克禁闭"，即便是在我们得到质子中夸克的快照之后，这一现象仍然令人费解。在质子内部，夸克似乎很难影响彼此的行为，但是它们之间的力终将困住对方，使彼此无法逃脱。

我的第一项成熟的物理学研究是我在研究生时期和导师戴维·格罗斯（David Gross）一起完成的，当时我们研究的正是这个问题。我们想找到一种理论来解释夸克这种自相矛盾的行为，同时还要保留局域性、相对性和量子理论的"神圣原则"。

因此，我们所寻找的是一种基于量子场的理论。在这一理论下，相距较远的粒子之间有很强的吸引力，而这种吸引力会随着粒子的靠近而减弱，这和我们日常生活中所见到的由橡皮筋产生的力类似。但橡皮筋可不是量子场，让量子场如同橡皮筋那样发挥作用绝非易事。

经过短暂却艰苦的科研攻关，我们找到了一种有效的理论，这就是量子色动力学（QCD）。起初，这一理论的证据非常薄弱。不过随着时间的推移，研究者开始以更高的能量进行实验，并且开始运用计算机来解决更多的问题，证据也开始逐渐累积，并支撑起这一理论。到了近50年后的今天，该理论已是铁证如山，无可辩驳。

从模糊的困扰和愿景，到井井有条的探索，经过无数次的灵光一现、计算、猜想、验证，直至抵达有关物理现实的人所共知的真理，在这条道路上所体验的每一步，都是一种超凡的享受。此项工作使得戴维·格罗斯和我获得了2004年的诺贝尔奖。戴维·波利策（David Politzer）由于其独立的计算工作与我们共同获得了这一奖项。

来自能量的质量： $m = E/c^2$

接下来我将介绍量子色动力学最为引人注目的应用之一。量子色动力学解释了大多数质量的来源。

爱因斯坦著名的方程 $E = mc^2$ 表示的是静止状态下的物体中由于质量而存在的潜在能量。根据能量守恒定律，我们可以用这个方程来计算一个粒子在分裂或衰变成更小的粒子时释放了多少能量。例如，当我们研究来自地球放射性的能量如何促使大陆移动（板块构造学），或是核燃烧如何为恒星供能时，就要用到这个公式。

这个公式的美妙之处在于，其含义也可以以相反的逻辑来解读，即质量可以从纯能量中产生：$m = E/c^2$。事实上，质子和中子的质量，也即我们人类体内以及我们日常接触的物体的质量就是这样产生的。

在质子的内部有夸克和胶子，[①] 夸克的质量很小，而胶子的质量为零。但是它们在质子内部的运动速度非常快，因此它们携带能量。把这些能量全部相加，打包成一个处于静止状态的物体，例如一整个质子，那么该物体的质量就是 $m = E/c^2$。这些纯能量的产物几乎占据了质子和中子的全部质量，而一个人的几乎

——————————

① 还有一小部分的反夸克，不过这个问题太过复杂，在这里我们就不提了。

所有的质量又都来自体内所包含的质子和中子的质量。很多神秘主义者经常会提到"气",其中尤以推崇中国传统文化的人为甚。他们口中的气是一种在整个宇宙中流动不息的能量,并且他们还试图培养自己内在的气。而量子色动力学告诉我们,我们每个人体内自然而然就有气的存在。

我童年最早的记忆之一是一个小小的笔记本,那是我第一次了解到相对论和代数时留下的,从一面翻是学相对论的笔记,从另一面翻,则是代数的。这两门学科我当时都不太懂,但是我觉得如果能深入研究一下,那么我可能也会有一些如 $E = mc^2$ 一样奇妙的发现。我在那个笔记本里写下了 $m = E/c^2$,当时的我当然不会知道,这条公式会成为量子色动力学的基础。

引力(广义相对论)

牛顿眼中的巧合

牛顿引力理论建立在我们之前介绍过的那些关于力的简单定律的基础之上,它在200多年的时间里一次又一次取得新的成果。不过从一开始,它就包含着一个惊人的、无法解释的巧合——实际上是无数的巧合。根据牛顿运动定律,作用在物体上的力等于物体的质量乘以该力引起的加速度。另一方面,根据牛顿的万有引力定律，施加在物体上的万有引力也和物体的质量成正比。我们把这两个定律结合起来就能发现，等式两边的物体质量可以约去。换句话说，引力是一个普遍的加速度源，它给每一个物体带来的加速度都是一样的。

在牛顿的理论中有两种不同的质量。一种是惯性质量，它决定了物体在力的作用下的状态。另一种则是引力质量，它决定了一个物体感受到的或是施加的引力大小。[①]在这个理论的逻辑框架中，没有任何内容要求惯性质量和引力质量成正比。没有这条要求，这个理论也仍然有效。例如，我们可以猜想，惯性质量与引力质量的比值可能取决于物体中的某种化学成分。牛顿的理论将惯性质量与引力质量之间恒定不变的比例关系（也就是引力加速度的普遍性）视为一种无法解释的巧合。

响应的时空

1915 年，爱因斯坦提出了他的引力理论，即广义相对论。该理论以一种前所未有的方式圆满地解释了牛顿所认为的巧合。它也将引力引入了基于场的理论框架中，从而实现了牛顿所设想的那种基于局部作用的引力理论，就像电磁理论一样。

---

① 根据牛顿第三运动定律，作用力＝反作用力，物体感受到的力和施加的力大小相等。

如果我们不计较数学上的细节（当然，在本书里，我们本来也不会计较这些），那么就可以循着以下10条简单的描述来大致了解广义相对论的宏大逻辑：

1. 普遍的事实应当有普遍的解释。

2. 因此，对于任意一个在某一时间占据某一空间的物体来说，无论其性质如何，引力引发的加速度全部相同这一"巧合"应当是基本的。

3. 因此，引力加速度应当反映了时空的某种性质。

4. 曲率（弯曲程度）是时空的特性之一。[①]

5. 时空的弯曲会影响物体在时空中的运动。物体会"尽可能地做直线运动"，但可能反而无法沿直线运动。

6. 在时空中，直线运动代表了匀速运动。因此，偏离直线运动就表示产生了加速度。

7. 结合第5条和第6条，我们可以找到第3条的答案：引力反映了时空曲率。

8. 由于曲率可以随位置的变化和时间的推移而变化，因此它定义了一个场。

9. 如果想要得到一个引力理论，那么我们就需要一个将时

---

① 这里我们可以把时空看作一个几何物体。在空间中加入时间后会形成时空这种几何物体，它比空间本身多出一个维度，但仍然可以运用几何概念来讨论。

空的曲率场和物质施加的影响联系起来的方程。事实上，牛顿也发现了物质可以施加引力。

10. 牛顿的万有引力定律指出，物质的质量是其施加引力时的关键属性。更确切地说，这意味着与引力相对应的时空曲率应当与质量成正比。这个推论的方向是正确的，不过为了得出一个精确的方程，我们还需要精益求精。而一旦掌握了狭义相对论，那些必要的改进就只是一些计算技巧的问题而已了。（我之前提到过，主要的改进是要认识到，能够施加引力的不只有质能，所有形式的能量都能施加引力。）

相对论研究领域的诗人约翰·惠勒（John Wheeler）给出了这样的总结："时空决定了物质如何运动，物质决定了时空如何弯曲。"

弱力

自然的炼金术

弱力既不能将物质束缚在一起，也不能促使物体运动，其主要能力是使粒子发生转变。得益于其自身作用之弱，弱力这种转变的能力使其在宇宙演化的过程中扮演了独一无二的角色。弱力就像是一块宇宙的蓄电池，使宇宙的能量得以缓慢地释放。

如果想要了解弱力，那么从中子的衰变过程开始了解是一个好的选择。这是弱力作用最简单且最重要的过程之一。中子的半衰期略长于10分钟，大多数中子衰变后会转变为一个质子、一个电子和一个反中微子（即中微子的反粒子）。由于中子和质子比电子和反中微子要重得多，因此从另一个角度来理解中子衰变的过程可能更有意义：我们可以把它想象成中子转变为质子，同时释放能量。

首先需要注意的是，在亚原子的世界里，10分钟的时间就是永恒了。

相比之下，强子在强相互作用下通过重组夸克和胶子的衰变持续的时间非常短，其速度大约是弱力作用下的衰变的10^{27}倍，也就是1 000 000 000 000 000 000 000 000 000倍。根据这个标准，由弱力带来的能引发中子衰变的不稳定性需要很长时间才能形成并生效。换句话说，这是一种非常弱的不稳定性，弱力也因此而得名。

中子衰变的基本粒子过程是一个下夸克（用d表示）转变为一个上夸克（用u表示），同时释放一个电子和一个反中微子。中子的夸克组合是udd，而质子的夸克组合是uud，因此夸克的转变就是中子转变为质子的关键。

虽然弱力很弱，但它能做到其他力做不到的事。无论是强力、电磁力还是引力都无法将一种夸克变成另一种夸克。并且，弱力还能将较重的夸克变成较轻的夸克。由于弱力的存在，我们在前一章提到的所有"意外粒子"①都非常不稳定。

夸克无论在何处，都会受到弱力的作用。所以，弱力将中子转变为质子的过程不仅发生在独立中子上，在中子位于原子核内时同样也会发生。这种情况发生后，新原子核就比旧原子核多了一个质子，少了一个中子，并且同时放出一个电子和一个反中微子。由于原子核中质子的数量决定了原子的电学性质，从而决定了它的化学性质，因此上述过程其实是将一种化学元素的原子变成了另一种化学元素的原子。这正是当年的炼金术士所渴望实现，而现代化学的先驱们认为不可能发生的事情。弱力为我们展示了自然的炼金术。

研究展望

这就是全部了吗？

早在1929年，伟大的数学物理学家保罗·狄拉克在消除了量子电动力学中的疑问之后，就已经宣布："对于大部分的物理

---

① 我在附录中也对此有所讨论。

学问题与所有的化学问题，它们的数学理论所依照的基本物理定律，我们都已知晓。"

狄拉克指的是量子电动力学中的定律，它们适用于假定由电子、光子和原子核构成的物质。90多年来，我们在原子物理学和化学领域进行了无数次新实验，有了无数的新应用和新发现。随着理论变得更加严谨，狄拉克大胆的主张不仅得到了延续，而且越发接近现实。随着我们对强力和弱力的掌握加深，我们"基本理解"的范围逐渐扩大，也就是说，"大部分的物理学问题"中的大部分变得更大了。例如，1929年的物理学对恒星如何产生能量，以及将原子核凝聚在一起的力是什么，都没有明确的概念。现在，多亏了成千上万次严格的实验验证，我们能够充满信心地回答这些问题。

狄拉克还说："困难之处仅仅在于，应用这些定律时会产生难以解决的复杂方程。"而现代超级计算机已经完全可以胜任这项工作了，在它们的帮助下，我们求解基本定律中的方程的能力大大提高。在量子理论的框架下生效的量子电动力学、量子色动力学、广义相对论以及弱力的方程，推动了许多领域的研究进展，包括激光、晶体管、核反应堆、核磁共振成像（MRI）以及全球定位系统等。

不过，化学家和材料工程师短期内还不会丢掉饭碗。一旦问题超出少数简单情况（比如小分子和完美晶体相关的内容）的范畴，通过蛮力计算来完成预测就不太现实了。化学家和工程师很少研究夸克和胶子。想要取得更多的进展，我们就需要发展近似法、引入理想化条件、建造更快更强大的计算机并且继续做实验。

然而，困难之处是否仅仅在于解方程，是另一个问题。狄拉克的考虑中有没有可能遗漏了一些影响重大的事情？还是说，这就是全部了？

将四大基本力相关的定律合在一起，就形成了大家所谓的"标准模型"，不过我更喜欢称之为"核心理论"。它们共同组装成了一台运转良好的机器。我们有充分的理由认为，由量子电动力学、量子色动力学、引力和弱力的基本定律组成的核心理论构成了物理学实际应用的坚实基础，并且在可预见的未来仍将是基础。

有一个很直截了当的原因，就是这些定律已经得到了充分的验证，这些验证比化学、生物学、工程学甚至天体物理学（除早期宇宙学外）的实际应用所需的精度更高、条件更广泛。

还有一个更加理论化的原因。量子场是很强大的工具，但也很棘手。想要以在数学上一致的方式使用它们是极其困难的，一不留神就会陷入没有解的方程组中。而核心理论高度依赖量子场，这就让它显得有些僵化，除非完全颠覆核心模型，否则很难对其进行修改。

你也可以往核心理论里面添加别的东西，但是必须保证，添加的东西要么产生的新物质只与已知物质有微弱的相互作用，要么只能在高得离谱的能量下改变基本粒子的行为。轴子（axion）就是前者的一个例子，这个我们之后会讨论；假设基本粒子实际上是弦的超弦理论则是后者的体现。[①]这些补充可能有助于弥补我们的基本方程在宇宙学和美学方面的缺陷，但是不太会影响它们在任一方面的实际应用。

借用狄拉克的话来说：从实用性的角度上来说，这就是全部了。

不过值得庆幸的是，生活中还有比夯实基础和追求实用性更重要的东西。

统一所有的力

核心理论中包含了超越其自身的种子。

四种力中有三种（即电磁力、强力、弱力）都基于不同形式的荷。[②]场能与荷发生作用，也能将一种荷转变为其他种类的荷。例如，胶子场就能将一种色荷转换成另一种色荷。与这几种力相关的荷分别是电荷、三种色荷以及两种弱荷。我们自然而然

---

① 假想中的弦都很小、很韧，因此它们都难以辨别，也很难激发。

② 有关弱力的内容将在第8章讨论。

地就会想象，或许还存在一个更大的框架，这个框架会将这些荷置于相同的基础之上，并允许它们之间相互转变。

这个引人入胜的想法面临着一个很大的问题：目前还没有任何证据证明这种想象中的转变能够发生；哪怕真的能，那这种转变发生的频率也一定非常低。如果色荷能转变成其他形式的荷，那就意味着夸克能够转变成电子，于是质子就会变得不稳定。我们一直在努力探测质子的衰变，但至今仍然一无所获。

另一方面，在弱相互作用理论中，我们学到了一种方法来挽救这个世界容不下的美妙方程。我们可以想象出一个更加空旷的世界，那里有更美妙的方程，然后我们可以在其中填充适当的物质（希格斯凝聚体，Higgs condensate），让它变得和我们的世界一样。[①]

我们能否进一步推进这一策略？比如，不同形式的荷之间的差异，有没有可能是在其他宇宙介质的复杂影响下产生的，而这些介质是由更重、更难以捉摸的类希格斯粒子构成的？

我们之所以会这么想，有一个美妙的理由，它源于核心理论的另一个关键理念：渐近自由。渐近自由指的是强力在短距离上减弱的现象，我们之前对此有所讨论，但是没提到它的名字。渐近自由是探索量子色动力学的关键，也是该理论预测能力的源

---

① 我们将会在第 8 章更全面地探讨这个问题。

泉。我们还可以用同样的方法计算其他的力随距离变化的规律。这些计算得出了一个非凡的成果：我们发现在极短的距离内，这四种力实现了统一。它们的大小在极短的距离上变得相同，这正是我们在统一场论中做出的预测。我们能够通过研究短距离下的作用，将复杂介质的影响最小化。在这里，我们似乎从计算出的数字中瞥见了想象中的理想世界。[①]爱因斯坦有关统一场论的模糊梦想以这种方式变得具体了，甚至可以说得到了量化。

推动我们走向统一的远景是核心理论中心思想自然而然的逻辑延伸：基于各种荷及其转变的方程、被充斥于整个世界的介质掩盖的对称性以及渐近自由。这些要素共同解释了各种力（包括引力在内）的强度之间的"巧合"。如果我们能观测到质子的衰变，那么这一观点将得到证实。对质子衰变的搜寻仍在继续。

看到世界的全貌

客观世界只能说是什么，而并没有发生着什么。只有在我的意识沿着我身体的生命线向前爬行并注视着这个世界时，这个世界的一部分才鲜活起来，变成空间中随时间

---

① 提前声明：做这些计算需要将所涉及的定律外推到远远超出了它们已被验证过的范围，而且结果与统一也只是大致符合。一种更为保守的说法是，计算结果足以表明一个可疑的"巧合"。

不断变化的影像。

——赫尔曼·外尔（Hermann Weyl）

在前一章里，"基本定律描述变化"这一思想是引导我们科学地理解世界如何运转的首要原则，它对我们很有帮助。核心理论的基本定律同样具有这一特征，它们告诉我们发生了什么事。

但是，是什么样和发生什么事之间的界限并不是一成不变的。基本的变化规律本身并不会改变。它们不是变成现在这样，而是本来就是这样。通过推断它们的结果，我们可以了解世界的很多长期特征，或者换句话说，了解世界是什么样的，尽管从表面上看，它们只告诉我们发生了什么。

例如，你可能会想，当你仔细研究物质的时候会发生什么？于是你会发现物质是由某些成分组成的，每一种成分都有一些简单的特性。这时，你其实已经跨越了这个界限。你可能会继续想，当你把这些成分放在一起，让它们稳定下来之后会发生什么？于是你就会发现物质是由原子核、原子和分子构成的，它们填满了元素周期表以及物理和化学的参考手册。这时，你又跨越了二者的界限。

尽管如此，核心理论的定律必须先了解宇宙在某一时刻的状态，才能开始着手构建这个世界。它们并没有站在上帝视角直接把时空看作一个整体。它们使用的材料不是外尔所说的"客观世界"，而是那个世界的一些碎片。

广义相对论告诉我们，将时空分离成时间和空间是反常的。我们将在第6章讨论到的大爆炸宇宙学则告诉我们，早期的宇宙简单得令人吃惊。这些都是重要的提示，告诉我们应该遵循它们的指引找到更广泛的定律，从而看到世界的全貌。

丰富的物质和能量

在前面几章，我们探讨了空间和时间的丰富性。如此一来，我们便能达成四项基本认识。首先，宇宙中蕴藏着巨大的财富；其次，这么多的财富中，实际上可供我们使用的只是其中小部分；再次，对人类的需求而言，我们所得到的这一小部分财富也称得上是极为丰厚的了；最后，我们还远远没能充分地利用已经得到的财富。因此，我们的认知还有很大的扩充空间。

我们将在本章探索物质和能量的丰富性，并且继续加深上述这四条基本认识。

宇宙能量的丰富性

我们先从一组数据的对比开始说起，以便于从人类的尺度上领略宇宙能量的规模。一般成年人每天会摄入约 2 000 大卡的能量，这差不多够一个 100 瓦的灯泡连续亮一天。一年下来，这颗灯泡会消耗 30 亿焦耳的能量（根据定义，功率为 1 瓦的灯泡每点亮 1 秒会消耗 1 焦耳的能量，而一年大约有 3 000 万秒）。我们可以把这个大小的能量作为一个计量单位"人年"，代表 1 个人在 1 年的时间内所消耗的能量，其中大约有 20% 是用于供给大脑的。

2020 年，全世界消耗的能量总量约为 1.9×10^{11}（也就是 1 900 亿）"人年"。2020 年的世界人口总数大约是 75 亿，因此这相当于每个人消耗了大约 25 "人年"的能量。25 就是人类消耗的总能量与自然状态下消耗能量的比值。这是一个客观的衡量标准，用于评估一个人的经济状况相比于仅能勉强维持生计的水平已经提高了多少。比如，美国的人均年消耗能量约为 95 "人年"。

太阳每年输出的能量平摊到每个人身上大约是 500 万亿 "人年"。你看，500 万亿这个数字可比 95 要大得多，更别说 25 了。因此，通过提高对太阳能的利用率来实现经济增长的空间是巨大的。

当然，太阳输出的能量会朝各个方向辐射出去。为了获取更高的利用率，我们就需要投入大量的时间和资源，将巨大的收集设备放在太空中。弗里曼·戴森（Freeman Dyson）等人提出了这种工程的构想，我们称之为"戴森球"。

不过要是把范围限定在到达地球的太阳能上，那么我们会发现，这些能量就会减小到"仅有"目前总能量消耗的 10 000

倍。我们在考虑太阳能在经济上的潜力时，这个数字是一个更现实的基准。显然，即使造不出戴森球，太阳能的利用率也一样有很大的提升空间。

以上是我们对太阳释放的能量的思考。早先，我们在研究宇宙的时候，发现太阳只是众多恒星中的一颗。从这个角度上看我们就能明白，整个宇宙所蕴藏的能量远远超过了人类在可预见的未来能够获取的能量。我们能做到的只是从这些零零散散的财富中获取极小的一部分，这就是天文学的全部使命。天文学可以滋养我们的思想，甚至还有可能填满我们的腰包。

这种对比的方式客观地说明了物质和能量的丰富程度。这些物质和能量，支撑人类这种复杂、有活力的物体存在，并支持他们的宏大计划[1]，是绰绰有余的。

基本问题和人类的目标

动态复杂性

通过简单的对比，我们已经证明，宇宙中蕴藏的能量总量

---

[1]　我没有叙述在整个历史进程中人类是如何崛起的，也没有描述过人类的宏大计划是什么，或应该是什么。这些都是相当宏大的主题，你如果想深入了解的话就得找些别的书来看看了。

相对于人类实现目标所需要的量而言，是相当大的。现在我们要从一个更加基本的角度来思考一下，为什么会存在这么多能量。

首先，我们得解决两个基础的问题：

在物质世界中，有什么东西能体现"人类的目标"？

为什么实现这个目标所需要的能量少到与太阳的能量相比起来都不值一提？

第一个问题可以用很多种方法解决。如果我们试图精确地定义"人类的目标"，那么我们可能很快就会不明就里，从而陷入形而上学的深渊。但是如果我们探讨的是从物理的角度来看，什么东西对一个人的行为起到了至关重要的作用，又是什么决定了一个人究竟是什么，那么答案就呼之欲出了。在这个层面上，问题的核心就变成了"动态复杂性"（dynamic complexity）。尽管我们对于如何精确地定义复杂性还没有达成科学的共识，但是我们看到实际的现象，就能总结出它的要点，比如下列这些例子：

- 为了完成学习和思考，我们改变了大脑中的连接方式、分泌物和电脉冲。为了感知世界，我们将电磁辐射（视觉）、气压（听觉）、周遭的化学成分（味觉和嗅觉）以及其他一些数据流转化为大脑中的通用货币。为了在这个世界上自如地运动，我们运用了肌肉的力量，而这来源于蛋白质分子有序的同步收缩。

- 在建造神庙、犹太教堂、清真寺以及大教堂时，人们会制订计划、收集材料、使用建筑工具和机械，并且雇用建筑工人和艺术家来创造之前从未出现过的复杂的、"非自然的"、"宗教的"环境。

- 音乐和仪式是表达动态复杂性的较为纯粹的两种方式。

每一种典型的人类活动，其核心都涉及随时间变化的、复杂的物质形态。在不同的情况下，物体的形态会呈现出不同的结构，从神经网络到空气振动皆是如此。其中每一种形态都包含着不同的元素，比如工具、符号、记忆、信号、指令、角色等。动态复杂性是这一切背后的深层结构。

在地球上大部分生物和人类的历史中，动态复杂性在物理上的实现都有赖于利用太阳提供的能量来生成和打破大量的化学键。现在我们又发现了一些其他的可能性，我会在接下来的内容中对此进行探讨。不过基于太阳能的化学键的形成和断裂仍然占主导地位，我们需要先理解这部分内容。

通过爆炸来建构

原子之所以能作为完美的零部件来构建诸多有趣而复杂的

产品，是因为它具有许多特性：

- 原子有很多种，每种化学元素对应一种原子。对于任意一种特定的元素来说，其所有的原子本质上都是相同的。[①]因此，它们能提供大量可替换的部件。
- 原子的数量十分庞大。一个典型的人体中大约包含1穰个原子，这比可观测宇宙中的恒星的数量还要多。
- 原子可以遵循量子理论和电动力学的定律组合成更大的单位——分子。分子中的原子之间是由化学键连接起来的。

为了理解这些基本事实如何在特定的条件下导致了大规模的动态复杂性，我们需要引入两个概念：组合激增（combinational explosion）和临时稳定性（provisional stability）。

组合激增，用一句话来解释，就是如果你在几个方面做出独立的选择，整体的不确定性会迅速增长。比如，现在我们从10个数字中任选数字来填充9个不同的位置，那么我们就可能得到 10^9（10亿）个不同的组合，即000000000，000000001，000000002，……，999999999。10和9都是很小的数字，但是 10^9

---

① 有些元素可以以几种不同的同位素的形式存在。这些同位素的化学性质相似，只是原子核中的中子数量不同。我们之前在第2章讨论碳计年法时就遇到过同位素的问题。

就是一个相当大的数字了。这个例子足以说明组合激增的本质。

在DNA（脱氧核糖核酸）中，我们有四种核苷酸可以选择：鸟嘌呤（G）、腺嘌呤（A）、胸腺嘧啶（T）、胞嘧啶（C）。这四种核苷酸需要被安放在一条长长的糖–磷酸主链的点位上，每条主链可能会有成千上万个点位。与此类似，蛋白质是由20种不同的氨基酸组成的，这些氨基酸也是被安放在一条长度不定的主链上。这些结构形成组合激增的方式与十进制的数字类似，只不过基数变成了4和20。因此，用于存储信息的DNA序列可以记录海量的信息，为生命提供基本结构和功能单元的蛋白质也有大量的种类可以选择。不同的蛋白质折叠成各式各样的尺寸和形状，它们都具有不同的力学和电学特性。

其他无论是有机的还是无机的分子，都会产生分支、成环、聚集成膜、按照一定的规律结晶，或者采用其他技巧。这些丰富的可能性导致了组合激增的组合激增。如果能认清这样的事实——每克物质所包含的原子数可达10^{23}的数量，那么你就能明白，大尺度上任何材料的复杂性是毋庸置疑的。威廉·布莱克那句富含诗意的"无限掌中置"其实有着充分的科学依据。

对复杂性的进一步思考

我们需要先塑造出这些材料，才能发挥它们的潜力。现在我们手中有很多原子积木，它们就像是乐高积木和万能工匠积木，也和化学课上所使用的原子和分子的球棍模型一样。我们希望它们能够很容易地搭在一起，也能很容易地分开，同时也能保持在这两种状态之间。这种关键属性，即临时稳定性，指的就是在稳定性和可变性之间取得良好的平衡。

化学家的任务是确定什么样的结构在分子复杂性的世界中是具有现实可行性的，生物学家的任务则是确定到底有哪些结构已经成为事实。化学家和生物学家的工作永无止境，令人着迷。有赖于他们的善意和幽默感，我才得以恣意地将极端的简化做到底。我在这里想要描述的，仅仅是一个可以以相对简单的方式解释清楚的事实：这个世界（尤其是日地系统）是如何"密谋"让如此复杂的物质搭建过程能够发生的。

临时稳定性的成立离不开三个关键因素，分别是高温、低温和中等能量规模。高温指太阳表面的温度，大约是6 000℃；低温指地球表面的温度，大约是20℃；中等能量规模指生成或打破一个典型化学键所需要的能量，大约相当于1电子伏特。

20℃左右的温度让分子具有力学上的灵活性，但是它们的化学键通常不会被破坏，因为这个温度几乎无法提供高于1电子伏特的能量。然而，来自太阳表面的光子聚集了更高的能量，通常会超过1电子伏特，因此能够打破化学键。有了地球表面这一凉爽但也不算寒冷的背景，以及来自太阳的光子这一时而出现却又没什么压迫力的集中能量，在二者的相互作用下，分子模式的重新排列成为可能，不过也没有那么容易。这种在地球上成立的临时稳定性正是我们在物理上所需要的动态复杂性。

为了阐明动态复杂性有多大的潜力，以及它是如何在地球上实现的，我们就需要通过基本原理来理解太阳是如何发挥它的作用的。但在讨论这个问题之前，我们还得稍微停顿一下，先对之前讨论的动态复杂性进行校准。

人类大脑的基本单位是神经元。人类大脑中神经元的数量大约是 1 000 亿个，或者用 100 000 000 000 和 10^{11} 来表示也可以。虽然远比 10^{27} 这个数要小，但这仍然是一个天文数字，大致相当于我们银河系中恒星的总数。

每个神经元都是一个出色的小型信息处理装置，单独的神经元之间通过许多连接相连，一个典型的神经元能够与成百上千个其他神经元形成连接。我们学习的过程就是有用的连接模式得到加强，而无用的连接模式被削弱的过程，我们所学到的很多东西都是通过这些连接的强弱来编码的。连接的数量在我们2岁到3岁之间达到顶峰，但是复杂性的峰值则出现在大量连接被选择性地削弱之后。

如果要考虑那么多的神经元通过各种各样的方式连接起来的可能性，那我们将会得出一个令人眼花缭乱的数字，远远超过

10^{27}。我们的脑袋承载着令人震惊的组合激增。如此数量巨大的神经元，以错综复杂到难以置信的方式连接在一起，那么一个人能做出何等惊人之事似乎都不足为奇。沃尔特·惠特曼确实包罗万象，你我也一样。

燃料有限，细水长流

太阳靠核燃料运转，它是一个巨大的聚变反应堆。驱动太阳发光发热的核燃烧过程是将氢转变为氦的过程。一个氢原子包含一个质子和一个电子，一个氦原子包含两个质子、两个中子和两个电子。在太阳内部，一系列反应导致四个氢原子转变为一个氦原子和两个中微子，同时释放能量。

要是你还记得我们在前一章中讨论的中子衰变过程，那你可能会觉得我在这里写错了。之前我们看到，单个中子会转变为质子，而中子比质子略重，因此这一衰变过程会释放能量。但是在太阳的燃烧中，我们却看到了相反的情况——质子转变为中子。但我并没有写错。在氦原子核中，由于强力的存在，质子和中子之间有着强大的吸引力。将不同的部分聚合在一起可以获得大量能量，因此质子能够转变为被原子核束缚的中子，并释放能量。

质子和中子之间双向的转变过程都需要弱力的作用，正是因此，中子的衰变在粒子物理的标准下是一个很缓慢的过程，这点我们之前已有讨论。在太阳的核燃烧中，弱力作用的效率大大提高。在燃烧过程中，粒子必须要先聚集在一起，然后才发生转变。但这种紧密的接触转瞬即逝，毕竟美好时光总是短暂的。太阳中的质子转变为（束缚）中子平均需要数十亿年的时间，因此太阳的燃料供应还能持续几十亿年，这是值得庆幸的。另一方面，太阳中的氢元素的数量非常巨大，因此即便是如此缓慢的燃烧也足以让它持续发光。

总而言之

我们已经把为地球上的动态复杂性奠定基础的物理学基本原理解释清楚了。我们对物质现实的深刻理解，包括生物学以及心理学、经济学这些学科的兴旺繁荣，都离不开动态复杂性打下的坚实基础。

四大基本力各不相同，但它们每一个都至关重要。引力保证了地球能围绕太阳公转且保持与太阳之间的距离，从而平衡温度，产生动态复杂性；电磁力（量子电动力学）将原子编织成分子；强力（量子色动力学）提供了能点燃原子核的吸引力；弱力则保证核燃烧以缓慢的速度持续着。

物质丰富的未来

新地点，新方法，新思想

人类的目标的本质是通过动态复杂性的信息流，而非化学和生理学的细节来表达的，这一原则既拓展了思维，也解放了思想。它促使我们去想象宇宙中其他地方的思想是如何出现的，并且让我们为接纳这些思想做好了准备。

人类需要特定的条件才能繁荣发展，这些条件包括范围较为严格的温度，含有特定配方的分子混合物且没有毒素的空气、稳定供应的水和营养，以及远离紫外线和宇宙射线的伤害。这些条件在地表附近不远处的大气层以内很常见，但在整个宇宙中却极为罕见。人类若是想凭借这副适应了地球环境的躯壳向太空进发，那可真是一项极为艰巨的任务。

扩大人类信息的影响范围是一个更容易也更现实的目标，其意义也同样重大。我们发射的驱动器和传感器可以体现我们的创造力和探索欲，也可以作为沟通的媒介。

我们在对物质有了深入的了解之后，掌握了一些制造出大规模复杂动力机器的方法，这些方法不同于生成和打破化学键。我们可以利用电子学和光子学对化学进行补充，甚至直接替换化学的作用。

数字摄影就是一个发展成熟、令人信服的例子，足以说明我们确实找到了新方法。在数字摄影中，主要的传感器（电荷耦合器件，简称CCD）会对光子释放出的电子进行计数，并将产生的数字以0和1的形式记录下来，再采取前文述及的某种格式对其编码。我们可以通过多种方式处理这些图像编码信息，例如去除噪声、突出有趣的特征、美化图片等。经过这些处理之后，我们就能将信息转译回图像，将它显示出来。上述所有处理过程都是在电脑上或是特制芯片上以电子方式完成的，照相底板、胶片乳剂、暗室——这些让摄影变得费时而困难的东西，曾经为摄影蒙上了一层浪漫且神秘的光晕，如今已日薄西山。

人类大脑中不断进化的连接模式以及化学驱动下的脑电活动，是现今动态复杂性和思维的顶峰。但是，动态复杂性还有其他表现形式，它们的重要性正在增长，并且增长空间还很大。

在现代计算机中，信息的存储和处理并不是通过整个原子或分子的行为来实现的，而是通过电子的排列和重组。这种做法所涉及的能量会小得多，因此处理速度就可以快得多。这些电子分布在数以万亿计的容器中，容器中的电子浓度较高，电压就低，可以记录为"0"；容器中的电子浓度较低，那么电压就高，可以记录为"1"。如此一来，信息传递便成为可能。通过这种方法，我们创造出了临时稳定单元的组合激增，这是动态复杂性的通用平台。

除了电子浓度之外，我们还能通过电子自旋方向向上还是向下来记录0和1。处理自旋方向比推动电荷移动更加精细，但理论上它能够更快、更节能。我们还可以用光子替代电子，通过检测它们的浓度（振幅）、颜色（波长）或自旋（偏振）来完成同样的工作。

在"后化学时代"，这些动态复杂性的平台在速度、尺寸和能效方面有很大的优势。它们还具备挖掘量子世界丰富性的能力。[①] 在它们的帮助下，思想可以在这个宇宙中长期且大规模地继续发展下去。

可能出现的弊端

> 能力越大，责任越大。
>
> ——《蜘蛛侠》

我们从基本原理中得出的最重要的信息就是，这个世界中有丰富的空间、丰富的时间以及丰富的物质和能量。只要我们别

---

① 对一个系统的完整量子力学描述要比其经典描述复杂得多，我们会在最后一章深入探讨这个问题。从理论上讲，这其实给了我们更加广阔的空间去施展拳脚，但是这个空间很奇怪，很难掌握。量子信息技术是一个前沿的研究领域。

作茧自缚，物质世界为我们人类提供的未来一定比我们目前所取得的更广阔、更长久、更富足。

很多事情都有可能搞砸我们所拥有的一切。瘟疫在过去就曾摧毁过人类文明，造成了巨大的损失，地震和火山爆发同样如此。恐龙就很不幸地在一次宇宙碎片与地球的碰撞中灭绝了。我们有能力，也应该致力于降低这些风险。但在这一章的结尾，我会长话短说，简要地强调两种会导致灾难的人祸。它们在当今时代显得尤为突出，并且与本章的主题密切相关。

太阳以稳定的速度提供给地球的能量远远超出目前人类所使用的能量。我们正在迅速发展能获取更多能量的技术，除非发生意外的灾难，否则在可预见的未来，我们毫无疑问地能够运用这些技术使世界经济迎来更大的繁荣，并且做到可持续发展。

然而就目前来看，利用煤炭和石油这些化石燃料显然更容易，也更便利。这些化石燃料在很久以前都是植物，它们蕴藏的能量是当时捕捉的太阳能。不幸的是，大量燃烧这些燃料会向大气中释放很多二氧化碳及其他污染物，继而改变大气的性质。被污染的大气会吸收更多的太阳能，进而导致地球的平均温度上升。这是我要讲的第一种人祸，这种危机已经悄然笼罩了我们。

金星被称为地球的姐妹行星，它是夜空中一颗瑰丽的宝石，也是一个警示信号。它的大气层富含二氧化碳，可以非常高效地吸收来自太阳的能量。金星的表面温度接近460℃，这个温度足以熔化铅，也会阻止复杂的化学反应发生。金星比地球距离太阳更近，但即使我们把它放在地球轨道上，它的温度仍然高得惊人——大约会是340℃。地球的温度短期内不会上升到这么高的水平，但哪怕只是增加几度也足以产生剧烈的甚至是灾难性的影响。气温的上升会导致极地冰川的融化，使得海平面上升；大气湿度的升高也会推动极端天气频繁发生；对温度敏感的动植物的生命也会受到影响，而这会危及我们的食物供应。

人类亲手制造的第二个威胁是核武器。在探索强力和弱力的过程中，科学家发现了一种基于核能的新燃料。这种燃料威力巨大，与以往的化学燃烧完全不同。众所周知，这促成了破坏力更强的新型炸弹的诞生。如果这些炸弹中的很大一部分被用于战争，那么将会有成百上千万的人以非常凄惨的方式死去，目前人类文明重要的中心城市将会成为无法居住的不毛之地。人类文明将遭遇毁灭性的倒退，甚至有可能是不可逆转的。

经济增长和科学知识所带来的好处同样也伴随着严重的危险。这些危险是可以被避免的，但是它们能否被避免，则是一个悬而未决的问题。

第二部分

开端和结尾

宇宙的历史是一本读不完的书

我们在前5章用基本原理描述了物理现实的基本成分：空间、时间、场、定律和动态复杂性，它们解决了"世界有什么"的问题。接下来的两章将会讨论"世界是如何变成这样的"。

自人类诞生以来，一直都有人在猜测物质世界的起源。人类学家已经记录了许多文明的创世神话。被文献记录下来的还有更多，其中一些在不同的时间和地点被赋予了神圣的权威。但是，直到20世纪我们才拥有足够的智力和技术工具来解决物质起源的问题。

在过去的几十年里，关于宇宙历史的大致轮廓，我们已经有了一幅相当清晰的画面。关键的突破是哈勃在星系距离和运动这一领域的工作。哈勃发现，遥远的星系正在远离我们，其速度与它们和我们的距离成正比。如果沿着时间倒放，那么宇宙这样的膨胀就表明宇宙中的物质曾经非常密集地聚在一起，宇宙曾经的样子和我们现在所看到的相距甚远。

过去的宇宙会是什么样呢？在本章的正文中，我将分三步回答这个问题。首先，我将抛出一个有关宇宙早期状态的大胆猜想，也就是众所周知的大爆炸理论。我会强调这个猜想简单得有些奇怪。随后，我将以这个猜想为基础，概述宇宙的历史。最后，我将讨论产生于这段历史的一些主要的、可观察的结果，以及我们积累的观测证据。这段我们设想的历史在多方面得到了印证，这证明了这一大胆的猜想是正确的。

尽管如此，当我们把目光转向宇宙历史的开端时，观测数据也会变得很少，而且我们的方程也不再能为我们指引方向。在本章的结尾，我会讨论一些理论上以及观测上有希望的前景，以期更加深入地探究这一问题。

范围和边界

> 工作是你最好的老师。
>
> ——佚名（引用自幸运饼干①）

科学和《危险边缘》②往往很相似，需要根据答案来反推什

---

① 美式中餐中的食物，是一种元宝形状的小饼干，里面夹一张小纸条，上面通常会写着格言警句或是幸运数字等内容。——译者注
② 美国的一档智力竞赛综艺节目。——译者注

么才是正确的问题。伟大的数学家、天文学家约翰内斯·开普勒是我们之前讨论过的一个代表性人物，他在研究工作中思考了许多与太阳系相关的问题。对于他提出的有关行星轨道形状以及运行速度的问题，开普勒得出了很好[①]的答案，即著名的开普勒行星运动定律。但是也有让开普勒头疼的问题：为什么太阳系中行星的数量是6个（当时人们还未发现天王星和海王星）？为什么这些行星和太阳之间的距离是现在这个样子？他对于这些问题提出了一些有趣的想法，这些想法引出了"天体音乐"[②]以及柏拉图立方体[③]。但是这些想法没有带来好的答案。现在的科学家认为，开普勒提出的问题本身就是不正确的。我们掌握的基本定律以及我们对宇宙历史的基本了解都表明，太阳系的大小和形状只是宇宙中一个相当偶然的特征。我们今天所观测到的太阳系的最终形态，是由一团气体、岩石和尘埃坍缩后凝聚而成的。我们的太阳系只是宇宙中众多行星系中的一个。在

---

① 此处所谓的"好"指的是这些答案易于表述，在数学上具备精确性，并且与观测结果相符。

② "天体音乐"是开普勒继承自毕达哥拉斯学派的概念，即认为天体的运动与音乐的规律有着深刻的内在联系，这种联系就在于其以数学形式表现出的"和谐"。——译者注

③ 即正多面体。开普勒为研究太阳系内行星的位置设计了一套行星模型：6个行星的天球轨道间嵌套了5种正多面体，从外向内依次是正六面体、正四面体、正十二面体、正二十面体和正八面体，而这5种正多面体分别与6个行星所在的天球相切。——译者注

其他行星系中，我们经常会观测到数量与太阳系的行星数量不同的行星，而且它们的排列方式也和开普勒试图解释清楚的那种不一样。开普勒时代之后，太阳系的成员队伍也开始不断壮大，包括天王星、海王星、小行星、冥王星以及许多其他的天体。

从理论上讲，宇宙的历史涵盖的内容极为广泛，其中包括地球生命的历史、中国的历史、瑞典的历史、美国的历史、摇滚乐的历史等，但是任何一个神志清醒的人都不会指望通过物理学的基本原理来理解这些内容。

基于基本原理的宇宙史真正给我们带来的有三样内容。首先，有关早期宇宙的模样，它为我们提供了一种极为怪异却又翔实且令人信服的解释。这个解释很好地回答了一个有趣的问题，并且它被证实能够源源不断地为我们提供可观测的惊人结果。其次，它提供了一个广阔的场景，我们可以在这里观察周遭的结构是如何形成的，比如太阳系的形成。第三，它提出了一些令人兴奋的新问题，比如"暗物质"是什么。

发生了什么？

出奇简单的开端

> 事情应该力求简单，简单到不能再简单为止。

> ——阿尔伯特·爱因斯坦

之前提到的哈勃的那些发现，我们可以粗略地将其概括为"宇宙的膨胀"，它让我们开始思考宇宙在过去发生过什么事。

从表面上看，我们似乎生活在一场大爆炸的余波之中。如果我们能对其开端有足够的了解，我们就有望利用这些认识来解释在这之后发生的事。

这是我们第一次尝试重建宇宙的开端，我们可以想象把一部电影倒着播放。要想在脑海中做到这一点，只需要运用物理定律，逆转所有星系的速度即可。①最终，所有的星系都会聚集在一起。当它们相互靠近时，它们之间开始通过引力相互吸引，与此同时它们的加速运动也会释放能量。物质混合到一起，温度上升；电子从原子中逃出，高速运动的电荷急剧地向外发出辐射；高速移动的质子和中子挤得密密麻麻，形成一团沸腾的夸克–胶子汤。我们好不容易弄明白的相互作用在这里终于派上了用场，尤其是渐近自由，它极大地简化了这个过程——强相互作用可怕的复杂性在能量极高的条件下不复存在。炽热、致密的材料非常好理解，直接通过基本原理就可以解决相关的问题，简单得令人吃惊。

但是在接受这种重建的结果之前，我们必须面对一个重要

---

① 在这里我们默认，即使让时间倒流，同样的物理学基本定律也仍然适用。这么想大致上是对的，不过也不完全正确。为什么呢？这个问题引出了一个巨大的谜团，我们将在第9章对此展开讨论。

的概念问题，这对宇宙历史有着举足轻重的意义。这个问题就是，我刚刚描述的这一简单的宇宙膨胀的图景是极其不稳定的。我们脑海中的画面是，在物质急速聚集到一起的过程中，恒星、行星、气体云等各种各样的东西都会在引力不可阻挡的作用下合并，形成巨大的黑洞。事实上，除了引力之外的相互作用都指望致密、高能的物质变成高温、均匀的气体。这是它们所青睐的平衡，它们会尽全力促成这一结果，但是引力却对这种同质性嗤之以鼻。一般来说，引力不仅会使物体聚集，还想将致密的物质聚集在一起形成黑洞。如果我们在现有理解的基础上把宇宙这部电影倒放，那么我们可以"预测"引力会最终胜出，随着时间倒放，早期的宇宙会出现很多个大型黑洞，这些黑洞又会冲向对方，合并成更大的黑洞。但要是早期宇宙果真如此，那么我们结束倒放按下播放键之后，就只能看到一个基本上所有的物质都被锁在黑洞里的宇宙。而一旦你坠入一个巨型黑洞，那想要出来可就难如登天了！

我们观测到的宇宙实际上与上述预测中的完全不同，我们看到的宇宙在星系际尺度上是非常均匀的。如果我们对天空中较大的一片区域取样，那么无论我们把目光投向天空中的哪个方向，最终看到的星系种类以及密度的分布基本上是一样的。这是哈勃另一个开创性的发现。由于引力会使物体变得不均匀，因此我们今天所观察到的大尺度上的均匀性意味着宇宙在其历史早期甚至比现在更加均匀。因此，在我们倒放的电影中，物质一定是以一种精心排布的方式聚集在一起的，以防止它们在引力的作用下合并成黑洞。

宇宙历史的大爆炸理论使用了我之前提出的简单设想，即宇宙中的物体都是高温、均匀的气体。虽然我提出了关于它的稳定性的问题，但大爆炸理论完全没有理会我的担忧。因此，从根本上说，大爆炸理论相当奇特地混合了两种对立的观点。它假定引力之外的相互作用能带来完全的平衡，而引力则会带来极致的不平衡。顺着哈勃得出的宇宙膨胀向前追溯，我们得到的结果就是前者；而顺着哈勃得出的宇宙各向同性向前追溯，我们就能得出后者。在大爆炸理论中，我们要同时遵循这两方面的要求。

膨胀的火球

那么，我们就从一团非常热、非常均匀的气体开始吧。尽管根据广义相对论可知，空间可能是弯曲的，不过我们仍要假设空间是平直的。①这些已经足够我们完成物理宇宙学的初稿了。

高温气体中的各种组分运动速度极快，相互作用极其频繁，以至于它们能够达到一种动态平衡，即所谓的热平衡。在我们所

---

① 关于这一点，我在附录中有进一步的解释。

设想的大爆炸初期那极高的温度之下，热平衡威力巨大，因为在那样的环境中有很多事情可能发生，并且确实发生了。从光子到胶子、夸克、反夸克、中微子、反中微子，等等，许多种粒子都在不断地产生和湮灭（或者说是辐射和吸收也一样）。在平衡状态下，所有物质都是存在的，并且具备可预测的丰度。H. G. 威尔斯（H. G. Wells）深刻地抓住了热平衡的精髓："如果一切皆有可能，那就没什么有意思的东西了。"在极高温度下的热平衡中，我们会发现包含所有基本粒子的混合物，这是完全可预测的。

超高温条件带来的另一个后果是物质的结构无法保持，也就是说，分子会分裂成原子，原子会分裂成电子和原子核，原子核又分裂成夸克和胶子，等等。简而言之，我们直接面对了基本的存在。

有了可预测的基本成分混合物，那么我们就可以在此基础之上，利用我们对基本定律的认识来预测接下来会发生什么。结果很简单：无处不在的火球在自身产生的压力作用下，挣脱自身引力膨胀起来，并在此过程中冷却下来。

随着火球的冷却，发生了两件特别值得注意的事情。一是有些反应开始逐渐减少，然后最终停止，而这产生了持续的余辉。例如，一旦温度低到一定程度，火球中的光子就不再与其他物质发生显著的相互作用。说白了，就是宇宙变得更透明了，所以光可以从宇宙的一端更自由地传播到另一端，就像今天我们所看到的这样。不过曾属于火球的光子并没有消失，而是变成了所谓的宇宙背景辐射，成为一种弥漫于整个宇宙中的余辉。

二是粒子开始结合到一起。夸克结合成质子和中子，然后电子又与原子核相结合，等等。由此，我们今天所熟知的物质开始成形。

以上就是我们有关宇宙历史的初稿。

我们是怎么知道的？

> 过去永远不会消逝，过去甚至不曾过去。
>
> ——威廉·福克纳（William Faulkner）

宇宙的过去永远不会消逝，它留下了我们今天仍然可以看到的遗迹。宇宙的过去甚至不曾过去，由于光速有限，当我们接收到来自远方的光时，它就把过去带到了我们眼前。

重现宇宙早期发生的事情，很像重现犯罪的过程。我们搜寻论据，根据眼下的情况形成假说，并寻找互相印证的证据。如果在寻找证据的过程中遇到了意外结果，那么我们必须继续修改此前的假说，甚至推翻它。

宇宙的人口普查

现在的天文学家拥有更好的望远镜和相机，以及更强大的数据处理方式，他们能够比埃德温·哈勃更为深入且全面地观测宇宙。根据他们的研究，大爆炸成为头号"嫌疑人"，研究结果足以判定它"有罪"。

前文说过，哈勃发现遥远的星系正在远离我们，它们的速度与距离成正比。从时间上倒推这一过程，就能得到大爆炸的结论。哈勃的发现适用于附近的星系，但我们不能指望它也适用于最远的星系。速度与距离成正比并不能让遥远的星系同时聚集在一起，因为在倒放的电影中，引力的作用改变了星系的运动。假如以大爆炸作为起点，我们就可以预测膨胀速率随时间的变化。其结果可以等效地转换成星系的红移与星系距离之间更精细的关系，而这可以与观测结果相互印证。这么做是可行的。①

通过倒放膨胀的过程，我们可以确定大家常说的"宇宙年龄"。这个词指的是宇宙从一个比现在更热、密度更大、更均匀的状态发展到现在所经历的时间长度，或者更宽泛地说，是大爆炸发生以来经过的时间。在大爆炸后最初的一瞬间，恒星和星系还没有诞生，但我们可以估计出它们是从什么时候开始形成的。我们也可以用完全不同的方式来估计一些非常古老的物体的年龄，比如我们在第2章讨论过的，使用放射性和恒星演化理论。

---

① 也就是说，它与其他证据相结合后，可以形成一致的图景。

这些估算宇宙年龄的不同方法，得出的结果非常一致。简而言之，宇宙的年龄和宇宙中最古老物体的年龄是差不多的，确实也理应如此。

绵延不绝的余辉

1964年，阿尔诺·彭齐亚斯（Arno Penzias）和罗伯特·威尔逊（Robert Wilson）首次发现了从火球第一次冷却到足以透光的时候就存在的光子的余辉。这些光子已经发生了很大幅度的红移，现在主要以微波辐射（就是我们在微波炉中使用的那类电磁辐射）的形式存在，它们形成了所谓的宇宙微波背景（CMB）。宇宙微波背景是早期宇宙的快照，它以不可见"光"的形式散布在天空中。大爆炸的构想不仅预测了宇宙微波背景的存在，并且对其成分细节也给出了很多预测，尤其是各种辐射频率的强度。观测结果和这些预测也同样保持了一致。

遗迹

随着狂暴的火球逐渐冷却下来，其中的夸克、反夸克、胶子等粒子开始结合到一起，形成质子、中子以及原子核。在大爆炸模型中，我们可以计算出产生的各种原子核的相对丰度。事实证明，在大爆炸中产生的绝大多数潜在的核物质以常规的氢（^1H，一个单独的质子）和氦（^4He，两个质子和两个中子）的形式存在。还有少量的氘（^2H，一个质子和一个中子，是氢的一种同位素）、氦-3（^3He，两个质子和一个中子，氦的一种同位素）和锂（^7Li，3个质子和4个中子）的混合物。我们已经通过光谱学的技术探测到了这些不同的同位素，它们的丰度和适当的"未经加工"的条件下的预测结果相符。[①]

所有其他种类的原子核都是在宇宙历史后期伴随着恒星的诞生而形成的。观测并了解它们的丰度是一门奇妙的课题，但它与基本原理就没什么直接的联系了。

有关宇宙历史的未来展望

暴胀

我之前强调过，大爆炸理论是非常奇怪的。在该理论的假设中，宇宙的起点实际上是不稳定的，而且早期宇宙中各种物质的成分都是精细调节过的（确切地说是非常均匀的），这样才能避免引力的不稳定性。

---

① 我们在观测时需要注意避开恒星中的核燃烧，正如之前讨论过的那样，它的"炼金术"会让原子核发生转变。

大爆炸理论还有另外一个不可思议的特征，为了不打断我叙述的节奏，这里我就只提一下，不展开说明了。[①]大爆炸理论假设空间是欧几里得式的，或者说是"平直的"。空间平直性尽管与爱因斯坦的广义相对论相符，但广义相对论并没有限定必须如此，相对论可以容许空间的弯曲。我们需要一些其他观点来解释为什么大自然没有利用好这个机会。

我在麻省理工学院的同事阿兰·古斯（Alan Guth）提出了一个颇具前景的观点，巧妙地解决了这些问题。他认为，宇宙在其历史早期经历了一场极其快速的膨胀，他称之为"暴胀"。

我们很容易就能直观地认识到，暴胀对于解决上述问题确实非常有帮助。如果宇宙经历了暴胀，那么物质的不均匀性就会被稀释，空间的弯曲也会被撑开。[②]

但是暴胀真的发生过吗？我相信它发生过，但是如果能有更具体的观点来解释它是如何发生的，并且举出一些更具体的证据，那就更好了。

暴胀并不是由我们今天所掌握的基本定律推导得出的必然结果，它需要更多的条件，比如其他种类的力和场等。安德烈·林德（Andrei Linde）和保罗·斯坦哈特（Paul Steinhardt）提

---

① 完整的解释请参见附录。

② 如果你把一个圆形的气球吹到地球那么大，它的表面看起来就会显得平坦很多。

出了一些能够产生此结果的力和场，但物理学家还没找到能够支撑这一观点的证据。一个好的暴胀模型也许能让我们更严格地检验目前的基本观点，并在此基础上得出新的结果。然而，迄今为止我们还没能找到这样的模型。这个领域充满了新发现的机会。

继续向前追溯

宇宙微波背景是大爆炸的余辉，它为我们提供了一个了解宇宙早期历史的直接途径。我们提到过，在宇宙火球第一次冷却到足以透光的时候，其中的光子形成了宇宙微波背景。这一事件发生在大爆炸的38万年之后。和宇宙138亿年的年龄相比，这是非常早的时期，但在这之前也发生了很多有趣的事件，我们对它们同样抱有兴趣。

研究这些问题很困难，但是我们确实能看到成功的希望。例如，应该至少还有两种余辉围绕在我们的四周，它们的起源和宇宙微波背景类似。它们分别由中微子和引力子组成。[①]

由于中微子与其他物质的相互作用很微弱，而引力子的相互作用则更加微弱，因此与光子相比，火球对它们来说"透明"

[①] 仅凭目前的技术还无法探测到单独的引力子，但是探测到众多引力子的累积效应是一个还算现实的目标。

的时间要早得多。因此，中微子和引力子留下的余辉所携带的信息，比宇宙微波背景所携带的信息要古老得多。特别是引力子，它能让我们瞥见大爆炸之后很短的时间内发生的事件，这可能会给我们带来很多惊喜。基于引力的快照可以向我们展示在极高温以及其他极端条件下发生的事情，这些条件比在地球上的实验室中能达到的任何条件都要极端得多，甚至很可能整个宇宙中现在都已经不存在这样的条件了。例如，我们可能通过引力子看到宇宙暴胀期间高速移动的物体喷出的引力辐射。

中微子和引力子与其他物质间的相互作用都非常微弱，这既给这些更奇特的余辉带来了独特的魅力，也给观测带来了很大的难度，我们需要研制新型的高灵敏度天线和望远镜才能看得到它们。几乎可以肯定的是，这些天线和望远镜与用来捕捉光子的天线和望远镜压根儿不会有什么相似之处。这个研究领域同样也给未来的创新突破留下了很大空间。

还有一种可能是，宇宙中曾经产生过我们目前尚未知晓的粒子，而这些粒子也留下了其他种类的余辉。总之，宇宙余辉的基本特征就是它们产生于与物质之间的相互作用非常微弱的粒子，以至于宇宙对它们来说就像透明的一样。

"暗物质"可能就是这样的余辉，我和我的大部分同事都持有这样的观点。具体来说，我怀疑暗物质是轴子的余辉，我会在第9章详细地说明这一点。

最初

　　我们越靠近大爆炸发生的那一刻，能看清的东西就越少，所以我们无法信誓旦旦地说出"最初"这个词。追求这个概念可能会误入歧途，甚至毫无意义。圣奥古斯丁在他的《忏悔录》中提出了一个绝妙的观点，我认为眼下非常适用。一位教民曾问奥古斯丁："上帝创造宇宙之前在做些什么？"奥古斯丁在书中记下了他本想给出的回答："为那些问了太多问题的人建造地狱。"但是他非常尊重他的教民，也非常尊重他自己，更是非常尊重上帝，因此他认真地思考了这个问题，随之深受其扰，并祈求能够得到答案。这个问题让他陷入了对时间的沉思。

　　奥古斯丁得出的有关时间本质的结论和我们在第2章中介绍过的非常相似。总的来说，他的结论是时间是时钟所测量的东西，不会多也不会少。这个思路让他为教民的那个问题找到了更好的答案。奥古斯丁认为，在上帝创造世界之前并不存在时钟，因此也就不存在时间，也不存在"以前"这样的概念。因此，如果仔细地思考"在上帝创造宇宙之前发生过什么事情？"这样的问题，你会发现它们毫无意义。

　　奥古斯丁这个答案的精髓在现代物理宇宙学中依然成立。没有什么东西能够先于宇宙起源而存在，因为在这种情况下，时间这个由钟表测量的东西没有意义。

复杂性的出现

物质世界是复杂的。热带雨林、互联网、威廉·莎士比亚的诗集，这里面哪一样都不简单。不过，我们的基本原理许下了这样的诺言：它只需要极少的组分、极少的定律和一个出奇简单的起源，就能构建出整个物质世界。

这带来了一个具有挑战性的问题：从根本上来说，复杂性是如何产生的？本章将围绕这一问题展开讨论。在本章的结尾，我将讨论有关宇宙复杂性的未来展望，以及为何如此简单的条件之下会存在如此显而易见的复杂性。

宇宙是如何变得有趣起来的

引力的顽强意志

> 因为有的，还要给他；没有的，连他所有的也要夺去。
>
> ——《圣经·马可福音》4：25

> 因为凡有的，还要加给他，叫他有余；没有的，连他所有的，也要夺过来。
>
> ——《圣经·马太福音》25：29

以上这两段《圣经》中的话描述了同样的现象，尽管几乎可以肯定《马可福音》问世的时间更早，不过我们还是习惯称之为"马太效应"。简单来说，它的意思是"富人越来越富，穷人越来越穷"。

引力的不稳定性是宇宙的复杂性产生的关键，这种不稳定性是马太效应的一种体现。宇宙中密度较大的区域会产生更强的吸引力，从而积聚更多的物质，进而变得更为致密。反之，密度低于平均水平的区域则会在物质争夺战中失利，并且一步步地被一扫而空。如此一来，密度的差距就会随着时间的推移而增强，本来不大的差距演变成很大的差距。这就是引力的不稳定性。

为了充分发挥大爆炸理论的作用，我们需要修改之前的假设，即宇宙早期物质的分布是完全均匀的。我们只需要一点点偏离均匀性的小偏差就够了，因为它们会被引力的不稳定性放大。

万幸的是，描绘了大爆炸后38万年的宇宙图景的宇宙微波背景并不是完全均匀的。它的强度会随角度发生万分之几的变化，这反映出宇宙初期物质密度在相似尺度下的不均匀性。探测到如此微小的不均匀性是实验技术的胜利。约翰·马瑟（John Mather）和乔治·斯穆特（George Smoot）凭借在这一领域的开创性工作共同获得了2006年的诺贝尔奖。

由于引力的不稳定性，这些微小的种子随着时间的推移生根发芽。根据计算，这些不均匀性的大小恰好能在给定的时间内将密度的差距扩大到足以演化出星系、恒星以及我们目前在宇宙中观察到的结构。

为什么早期宇宙中的物质分布如此均匀（虽然并不是完全均匀）？我们还没有确定的答案，但我想与你们分享一个美妙的可能性。乍看之下，宇宙暴胀理论给这种近乎完美的均匀性提供了一个概念化的解释，就像我们之前讨论过的那样。但当我们试图在基础物理的框架下用量子场具体表达这个理论的时候，我们发现它并不完全正确。量子场附带了量子力学的不确定性，因此它们无法产生完美的均匀性，不过倒是能够接近。所以，暴胀理论如能在物理上很好地实现，将促使我们相信，我们在宇宙中观察到的结构来源于早期宇宙中的量子不确定性。

物质未竟的事业

我们在第5章中讨论过，太阳中的核燃烧是地球上动态复杂性得以产生的关键因素。谢天谢地，太阳仍在不断演化，它还没有到达平衡。然而，根据大爆炸理论，物质产生于热平衡的环境中，那么组成太阳的物质是如何从平衡态中逃离的呢？

我们可以追溯一下事件发生的先后顺序。在大爆炸之后，宇宙火球膨胀并冷却下来。达成热平衡的必要条件是存在频繁的相互作用，但是当火球的条件变得不再那么极端时，相互作用开始变弱并放缓。最终，热平衡状态受到破坏。

我们所讨论的宇宙微波背景和其他可能存在的余辉反映了平衡的瓦解。我们可以看到，光子（或许还有中微子、引力子和轴子）很少发生相互作用。

对于太阳以及其他恒星来说重要的是，大爆炸期间的核燃烧没有产生它们按照逻辑本该产生的结果。在不断膨胀的宇宙中，很多质子无法相遇并结合，但很久以后它们又在太阳和其他恒星中聚集到一起。大爆炸产生的核燃料混合物是大爆炸留下的另一种延绵不绝的余辉。

灵敏性：现实的分枝

如果你能在输入和输出之间建立起可靠的联系，那么掷骰子游戏、打保龄球以及其他许多种类的娱乐和运动都会变得十分乏味，哪怕它们能让你获得可观的收益。想象一下，你可以每次都掷出7点，或者次次打出全中，是不是挺没劲的？但在实际生活中，这是不可能实现的，因为肌肉运动的细微差异、你手上的水分、地面和桌面的污垢以及其他很多微小的影响都可能改变结果。简而言之，最终的结果会高度依赖于许多本质上不可能预测或控制的因素。

与此类似，随着引力不稳定性开始起作用并形成物质团块，这些团块最终位于某一特定位置的分布形式，也高度依赖于许多单个粒子的初始位置和速度。计算表明，哪怕不同的气体云之间起初只有细微的差别，它们产生的恒星和行星系统也会有巨大的差别。对很小一部分粒子的初始位置稍做调整就能改变行星的数量，甚至可以改变恒星的数量。

观测结果证实了这一点。长期以来，天文学家经常观测到形成双星系统的恒星。近年来，对系外行星（围绕太阳系之外的恒星运转的行星）的研究开始蓬勃发展，天文学家观察到，系外行星的大小以及在主星周围的分布方式存在巨大的差异。

只需要对太阳系的早期历史做一点儿小小的调整，可能那颗撞击地球并导致恐龙灭绝的小行星就不会出现了。

因此，虽然极少的成分、极少的定律和一个出奇简单的起源制定了整个宇宙历史的大框架，并决定了中间所有的进程，但它们却无法预测宇宙中极其丰富的局部细节。这个世界就像是一棵树，遵循着简单的生长规则，长出了许多条分枝，但是每一条分枝的细节都不尽相同，它们为不同的鸟类和昆虫提供了适宜的栖息之所。

毫无疑问，任意一个国家（比如瑞典）的历史可能都要比宇宙的历史复杂得多。事实上，我们的基本原理预测到了这一点。

有关复杂性的未来展望

热寂和补救措施

长远来看，宇宙的前景乍一看是很暗淡的。星系将不断远离彼此，恒星的核燃料也将耗尽，微波背景辐射则会红移成无线电波并逐渐消失。甚至在提出大爆炸宇宙学以及发现宇宙膨胀之前，宇宙学家就开始担心宇宙将会迎来"热寂"，因为宇宙似乎正在不可避免地接近某种平衡，而一旦达到这一平衡，就不会再有任何有趣的事情发生了。

首先要声明的是，这并不是一个迫在眉睫的担忧。我们的太阳至少还有几十亿年的寿命，并且银河系的其他地方仍然有恒星在持续不断地诞生，其中有许多M型恒星，它们释放热量的时间将会比太阳久得多。

既然还有这么长的准备时间，我们就不应该低估那些足智多谋的工程师能够迸发出的创造性。在恒星寿终正寝以后，或许将会有环绕着人造恒星、配备节能技术的戴森球继续给智慧生命供能。

尤其值得庆幸的是，思维只需要很少的能量就能够运转，甚至可以说根本不需要什么能量。量子计算机在寒冷和黑暗的环境中运行得最为顺畅，这些环境对它们精细的工作不会产生影响。足够复杂的时间晶体①可以重复地运行一个精细的程序，以此驱动其中包含的人工智能。

最后我们应当记住，我们对宇宙的科学理解仍然是不完整的，需要不断地改进。在过去的几百年里，我们对基本原理中每

---

① 时间晶体是一种能够自发形成稳定循环行为的物理体系。我在2012年提出了这个概念，自那以后，人们在理论上和实验中都发现了许多有趣的案例。

一条的思考都发生了天翻地覆的变化。我们能否找到办法进一步燃烧"死亡"的恒星，使它们以一种可用的形式释放出自身真正的大部分能量（那些以 $E = mc^2$ 的形式蕴藏在原子核中的能量）？[1]我们能否重现类似大爆炸本身的东西，从而产生一个新生的宇宙呢？我们能否利用"暗物质"作为能量来源呢？[2]我们不知道答案，当然还可能会出现其他的惊喜。对于科学技术发展的历史而言，几十亿年是一段非常长的时间。

简单中的复杂性

> 宇宙（也有人把它叫作图书馆）是由数目不定的，也许是无限个六角形画廊组成的，在中心有巨大的通风管，周围有低矮的栅栏。
>
> ——豪尔赫·路易斯·博尔赫斯

我会在这里用寥寥数语写下一个简单的算法，这个算法可以写出莎士比亚的全部著作、至少一种证明费马大定理的方法，

---

[1] 我们之前讨论过，统一理论认为质子是不稳定的，并且也提出存在导致质子衰变的"催化剂"，即所谓的磁单极子，或者也有可能是宇宙弦。因此，这种猜测并非完全没有根据。

[2] 从理论上来讲，轴子也是可以燃烧的，但是以太阳的标准来看，这种方式产生的能量实在是太少了，所以这似乎只是迫不得已的选择。

以及一篇足以获得2025年诺贝尔物理学奖的论文：

1. 随机选择一个ASCII字符（一个字母、数字、空格或者标点符号）；
2. 写下它；
3. 重复该过程。

输出的结果将包含上述所有内容，甚至还会有非常非常多的其他内容。

博尔赫斯的《巴别塔图书馆》用更诗意的方式表达了类似的思想，而我们的程序也能生成《巴别塔图书馆》。

这个石破天惊的思想实验说明了，哪怕是一个非常简单（即非常易于描述）的结构也能包含巨大的复杂性。

这个思想实验可能反映了现实中的真实情况。量子力学中的波函数就包含了大量的信息，而像宇宙这么大的东西的波函数可以很轻易地容纳下巴别塔图书馆。简单的规则可以产生内涵丰富的波函数，就像前面这个简单的算法可以产出海量的结果一样。

把这些想法合到一起，我们很容易就能推论，宇宙的波函数也是由一个简单的规则产生的。如果真是这样，那么我们身处其中的宇宙就是"复杂性的涌现"的最终产物。

还有很多值得一看的东西

我作孩子的时候，话语像孩子，心思像孩子，意念像孩子；既成了人，就把孩子的事丢弃了。

我们如今仿佛对着镜子观看，模糊不清，到那时，就要面对面了。我如今所知道的有限，到那时就全知道。

——圣保禄，《圣经·哥林多前书》

长久以来，许多有着远见卓识的人都一直猜测，这个世界远远超出了我们的感官所能感知的范围。

在前面这段话中，圣保禄将儿童构想的世界与深思熟虑的成年人所具备的模糊直觉进行了对比，前者看重事物的表面价值，后者则期待看到更多的东西。我们正朝着梦想中光辉夺目的真理不断前行。

在柏拉图的洞穴寓言中，苏格拉底向他的朋友格劳孔描述了一个奇怪的监狱。囚犯住在一个黑暗的洞穴里，他们唯一能看到的景象就只有投射在墙壁上的木偶戏。这些囚犯会错误地认为，他们所看到的就是唯一真实的东西。格劳孔说："你所展示的是一种不同寻常的场景，这些也只是一群不同寻常的囚犯。"苏格拉底则答道："其实他们和我们人类非常相似。"

威廉·布莱克在《天堂和地狱的婚姻》的某一篇中宣称，他信奉"如果感知之门得到净化，一切事物都将以原本的样貌呈现，不受任何限制"。

科学在描述物质世界的过程中列出了一个清单，其内容是有可能被我们观察到的事物。这个清单支持着那些有远见卓识的人所持有的观点，它揭示了人类对自然的感知与物理现实的全部内容相比是多么匮乏。科学能够帮助我们克服这一缺陷。我们已经取得了很多成就，但是仍然有很多工作等着我们去完成。

打开我们的感知之门

许多动物的感官系统都与人类截然不同。人类虽然与它们生活在同一个物质世界中，但是我们所感知到的世界却与它们完全不同。这不仅体现在智力的层面，甚至体现在原始感知的层面。

狗，还有许多其他的哺乳动物，生活在一个以气味为主导的平行世界中。狗的鼻子堪称化学实验室，其中有3亿个面向分子的感受器，而人类的鼻子中只有600万个。狗的大脑有很大一部分（大约占20%）是用来处理这些信息的，而人类的大脑中用来处理这些信息的部分只占不到1%。

蝙蝠在没有光线的情况下，可以通过发出音调非常高的声音（超声波），并分析反射回来的超声波来导航。人的耳朵是听不见超声波的，人能听到的声音波长太长，因此无法用于精细的导航。一般来说，人不太能意识得到自己听到的声音来自哪里。

蜘蛛则通过构造网来感知这个世界。它们织出的网不仅是捕猎的陷阱，同时也是信号装置，蜘蛛可以通过网的振动感知猎物的方位。

对于人类来说，考虑到视觉为我们收集了海量信息，并且我们大脑中处理视觉信息的部分占比极大（这个数字大约是20%~50%，随计算方式的不同而不同①），因此我们将视觉看作人类通向外部世界的主要门户。即便如此，我们能够感知到的部分与外部世界的整体相比也是微不足道的。人类的视觉能感知到电磁场的状态，但也只能感知到碰巧照射在瞳孔上的辐射。此外，视觉只对波长在一个狭窄范围内的光敏感，大约是350~700纳米（大约是1米的二百万分之一）。我们据此定义了"可见

---

① 这一问题有些模糊，因为大脑中有一些区域整合了来自多个感官的信息。

光"。而即便是在这个波长范围内，我们也无法直接感知到整个光谱的光。我们拥有 3 种[1]不同的视锥细胞，它们分别负责感知不同的波长范围，并且覆盖了所有可见波长，赋予了我们色觉。另外，我们还拥有视杆细胞，它同样覆盖所有可见波长，赋予了我们周边视觉和夜视能力。许多种类的蛇以及其他爬行动物能感知红外线，而蜜蜂以及许多鸟类则能感知紫外线。鸟类也很擅长对可见光进行光谱分析，它们的视觉感受细胞中包含一种油滴，这些油滴能够有选择地过滤不同的波长范围。令人感到不可思议的是，一类被称为虾蛄[2]的甲壳类动物似乎是迄今为止我们所发现的自然界中最为卓越的光谱学家。不同种类的虾蛄拥有的感受器从 12 种到 16 种不等，而人类只有 4 种。它们能够感知到的范围覆盖了从红外线到紫外线间非常大的范围，并且它们对偏振光也同样敏感，而这也是人类感知不到的。

我们的祖先感知到的宇宙，其实也与我们截然不同。我们现在已经很难想象，如果这个世界上没有眼镜、镜子、放大镜（以及望远镜和显微镜这些"高配版放大镜"）、人造光源和手电

---

[1] 有几种并不罕见的色彩感知能力异常，它们常被认为是"色盲"，但这个名字并不恰当。由于不同个体之间视锥细胞的差异很小，因此 95% 的人的视觉都大致相似。不过有一些基于遗传学的理论提出，人类中可能有相当一部分人（特别是那些具备最常见色觉异常的男性的母亲或是亲生姐妹）拥有 4 种视锥细胞。这些"四色视者"可能拥有超乎常人的色觉。但是据我所知，目前与之相关的直接证据少得惊人。

[2] 这是一个种类相当多样的物种，目前已知的虾蛄超过 450 种。

筒、钟表、烟雾报警器、温度计、气压计等数不胜数的能够丰富我们感知的设备，我们的生活将会变成什么样。然而，在历史上的绝大部分时间里，人类所生活的世界中都没有这些东西。

日新月异的技术赋予了我们超能力，而且技术的进步尚未能看到尽头。针对可见光范围之内和范围之外的电磁辐射的接收器和发射器变得越来越小、越来越廉价，磁场传感器、超声波发射器和接收器以及可以感知多种化学分子的设备（即"人工鼻子"）也同样如此。随着它们逐渐成为日常生活的一部分，我们的感知之门也开得越来越大。

排除万难，拨云见日

还有一些能够放大我们感知能力的研究项目，需要我们在多个科技领域投入海量资源才能完成。它们将会给我们带来感知大自然的新途径，解决很多重大的问题。它们在可预见的未来还不太可能成为现实，但是由于这些新的途径实在有趣之极，我们将会不遗余力地寻找解决方案。

接下来，我将简要地介绍近年来扩大了我们感知边界的两个大型项目。它们就是所谓"有计划的发现"：我们对大自然提出尖锐的问题，并依靠实验得到满意的答案。有关这两个项目，我会分别解释清楚，我们为什么会提出问题，它们的哪些方面激发了我们探索的欲望，以及我们将会如何展开探索。

这些项目推动了我们对自己能做什么的认知极限[①]，从而拓宽了知识的边界。它们通过这种方式，对我们的基本理解进行了"压力测试"。

希格斯粒子

我们为什么要寻找，我们在寻找什么

想象有这样一颗行星或是卫星，它的表面被冰层覆盖，冰层之下是一片广阔的海洋——就像木卫二那样。想象一下，在这片海洋里进化出了一种聪明的鱼类——这种鱼非常聪明，它们掌握了运动的物理原理。由于物体在水中移动的方式较为复杂，因此它们的研究工作得出了许多有趣的观测结果和经验法则，但没有形成一套完整的系统。直到有一天，这种鱼中的某个天才（我们称它为"鱼牛顿"）突然有了一个惊人的新观点。它提出了新的、更为简洁的运动定律——牛顿定律。这些定律比以往的经验法则要简单得多，但无法描述物体实际上运动的方式（也就是在水中的运动）。鱼牛顿提出，如果你假设有一种充斥整个空间的

---

① 也就是说，我们认为自己知道该怎么做。

介质，那么你就能根据由它提出的那些更为简洁的新定律重现你观测到的运动。它所假设的介质（也就是被我们称为水的物质）会影响物体的运动方式。鱼牛顿的观点调和了观测中现实的复杂性以及更加基本、更加本质的简单性。

> 啊，爱哟！我与你如能串通"他"时，
>
> 把这不幸的"物汇规模"和盘攫取，
>
> 怕你我不会把它捣成粉碎——
>
> 我们从新又照着心愿抟拟！
>
> ——奥马尔·海亚姆[1]

如果事物的表象令人失望或者不够和谐，那么我们就可以像鱼牛顿这样，想象出一个更加美好的世界，然后尝试着在其中构建我们自己的世界。这一策略引导着我们得出了目前对弱力的理解。

使弱力变得复杂的介质被称为希格斯凝聚体，它是以对相关理论做出重要贡献的苏格兰物理学家彼得·希格斯（Peter Higgs）的名字命名的。[2]希格斯凝聚体起初是从理论上被引入的，为了让方程看起来更优美，正如鱼牛顿所做的那样。

---

[1] 此处引自郭沫若的中译本。——译者注

[2] 还有其他几名物理学家同样在这方面做出了巨大贡献。这里不便对围绕该理论起源的复杂历史做过多的介绍，这个介绍也不应由我来写。

只要剥开希格斯凝聚体的外衣，我们就能构建出一个和强力以及电磁力理论非常相似的弱力理论。在想象的世界中，弱力是由类胶子粒子（以及类光子粒子），也就是 W 和 Z 玻色子介导的，它们会改变两种新的荷，并对它们做出反应。我们将这两种新的荷称为弱荷 A 和弱荷 B，它们与量子色动力学中的三种色荷以及量子电动力学中的一种电荷相似，但也有所不同。弱力能将一个单位的 A 荷转变为一个单位的 B 荷，反之亦然，并且也只有弱力能做到这一点。由于粒子是由性质定义的，因此这些弱荷的转变会将一种粒子变成另一种粒子。从更深入的角度看，这实际上就是弱力主导转变过程的本质。

我们之所以需要引入希格斯凝聚体是因为，在我们的观测中，W 和 Z 玻色子与胶子以及光子有一点很大的不同：它们的质量不为零。那么为了完善弱力与强力以及电磁力的类比，得到同样简洁美观的方程，我们就必须引入一种介质，让 W 和 Z 玻色子慢下来。

这种基于介质的弱力理论形成于 20 世纪 60 年代。到了 20 世纪 70 年代，支持其成立的实验证据开始积累，并最终形成压倒性的优势。但是仍然有一个很大的问题没有得到解答：希格斯凝聚体这种至关重要、无处不在的介质究竟是由什么构成的？

人们对这个问题做出了很多推测性的回答。一些人假设它是由几种不同的粒子构成的，他们为此引入了新的力，甚至增加了新的空间维度。但最简单、最"激进保守主义"的选择是用一种新的粒子来组成它，那就是希格斯粒子。这样一来我们的肩上便多了一个重任：检验大自然是否采用了这个最简单的选择。

我们如何找到它

如果希格斯凝聚体只由一种成分构成，那么我们就能充分了解这种成分。粗略地说，如果希格斯粒子是希格斯凝聚体中的组块，那么我们唯一需要知道的就是这些组块有多大。也就是说，只要能知道希格斯粒子的质量，我们就能预测它所有的性质和行为。这一令人欢欣鼓舞的特性意味着，实验人员在制定寻找希格斯粒子的策略时，可以对他们要寻找的东西有相当明确的预设，并且也很清楚如果真的发现了这种东西时要如何识别它。

若想"发现希格斯粒子"，你必须要做到这两件事：第一，你必须制造出希格斯粒子；第二，你必须找出它们短暂存在过的证据。这两个步骤都有很大的难度。若想制造出重的基本粒子，你必须将大量的能量集中到非常小的体积中。我们可以在高能加速器中完成这一点，那里有大量高速运动的质子束（或是其他种类的粒子[①]）不断地与目标材料碰撞，或是互相碰撞。在2012年之前的多年里，我们不断地提高能量的集中程度，尝试搜寻希格斯粒子，但始终一无所获。现在回想起来我们知道，那些实验中的能量还是不够高。最终获得成功的是大型强子对撞机（LHC）。

大型强子对撞机实际上是一个总长约为27千米的环形地下隧道，它坐落于法国和瑞士交界处郊区的地下。在大型强子对撞机运行的过程中，两条细细的质子束在隧道中的管道内以相反的方向穿行。质子以接近光速的速度运动，大约每秒能绕轨道运行11 000周。

质子束在4个对撞点进行碰撞。实际上只有一小部分质子发生了碰撞，但是其发生的频率仍然高达每秒近10亿次。如此猛烈的碰撞产生了制造希格斯粒子所必需的高度集中的能量。

下一步就是探测到它们。对撞点的四周围绕着众多巨大而精良的探测器。其中超环面仪器（ATLAS）的体积比帕特农神庙的两倍还大。探测器的任务是追踪在碰撞中产生的粒子的能量、荷、质量以及它们的运动方向。这些探测器以每年2 500万GB（千兆字节）的速度，将所有这些信息上传到由全球各地成千上万台超级计算机组成的网络中。

---

① 在高能加速器中，电子束、反电子束、反质子束、光子束以及各种原子核束，甚至是中微子和反中微子束都会被运用于各种各样的实验中。希格斯粒子的发现是通过两个质子束的碰撞实现的。

这些信息的收集是有必要的，因为：

- 碰撞事件极其复杂。通常情况下，每一次碰撞会喷射出至少 10 个粒子。
- 希格斯粒子只会在很少的碰撞事件中产生，其概率低于十亿分之一。
- 即便碰撞事件产生了希格斯粒子，它们存在的时间也不会很久。希格斯粒子的寿命大约只有 10^{-22} 秒，也就是一秒钟的 100 万亿亿分之一。
- 希格斯粒子的寿命如此短暂，能够产生希格斯粒子的碰撞事件又如此罕见，而同时这些碰撞还会产生许多其他杂质。

简而言之，如果你想找到希格斯粒子，你就必须密切监视、时刻掌握大型强子对撞机中发生的一切事情。你必须抓住那些准确无误的、能够证明希格斯粒子确实存在的短暂瞬间。否则，你将会被错误的结果完全淹没。

2012 年 7 月 4 日，相关研究者宣布了希格斯粒子的发现，其特征是过量的高能光子对。根据之前的预测，这种光子对产生于希格斯粒子的衰变，过量的光子对不会有别的来源，因而排除了其他可能性①。自那以后，我们又探测到希格斯粒子通过别的方式衰变而释放出的其他信号。到目前为止，这些信号出现的频率与理论预测保持一致。

"找到"希格斯粒子，标志着我们人类又一次拓展了自己的感知能力。我们观测到了一种在大自然中极为少见，只能在很短的时间内存在，并且只有在高强度的刺激之下才会出现的行为。在感知能力极强的人的脑海中，空旷的空间不再显得空空如也。鱼牛顿和彼得·希格斯，搞定。

引力波

我们为什么要寻找，我们在寻找什么

我们回顾一下广义相对论诗人约翰·惠勒总结的那句话："时空决定了物质如何运动，物质决定了时空如何弯曲。"惠勒的总结朗朗上口，但它其实具有一定的误导性，或者可以说它不够完整，我们有必要对它做出补充：时空也是物质的一种形式。

---

① 其他的过程也会产生许多光子对，但是只有具备特定数值的能量以及动量的光子对的产生能够归因于希格斯衰变。通过比较那些具备以及不具备特定能量和动量的光子对（即来自共振态和非共振态的光子）产生的速率，就可以得出"过量"的结论。

具体来说，认为时空曲率完全是由其他东西（即"物质"）决定的这一想法是错误的。让时空弯曲需要能量，而能量又会导致时空的弯曲。曲率以这种方式参与到了自身的创造中。简而言之，时空拥有自己的生命。

这种情况我们之前也遇到过。法拉第场这一概念（更具体地说，是麦克斯韦方程组从数学上阐明的概念）最辉煌的胜利在于电磁波的发现。电磁波给电磁场赋予了生命力。不断变化的电场产生不断变化的磁场，不断变化的磁场又产生不断变化的电场，周而复始。电磁场中自我维持的扰动在空间中移动。如果这些扰动以特定的波长循环往复，就成了我们所看到的光。我们还学会了使用专门设计的探测器，如无线电接收器和微波天线，来"看"其他波长的光。

与电磁波类似，用于描述引力的爱因斯坦曲率场也可以支撑起自我维持的扰动，这就是我们所说的引力波。时空在某些方向上的弯曲会通过引力波引起其他方向上的弯曲。

引力波的方程与电磁波的方程非常相似——当然，方程中的符号表示的含义不同①。激发这两种波的来源是不同的：电磁波是由移动的电荷辐射出来的，引力波则是由移动的质量辐射出来的。

————————————
① 它们有一个共同的特征，引力波同样以光速传播。

尽管电磁波和引力波在性质上相似，但它们在数量上却有很大的不同。之所以会有这种数量上的差异，是因为广义相对论决定了时空是刚性的。这种刚性导致，即便是涉及大量质量的高速移动，也只能在时空中产生微弱的摆动。这既是好消息，也是坏消息。

好消息是，如果我们探测到引力波，就意味着它们携带着一些宇宙中最原始、最有趣的事件的相关信息，这些事件通常都是与巨大物体的转动有关的。引力波给我们提供了一种感知宇宙的新方式，特别是感知宇宙中那些与大质量天体相关的事件。

激光干涉引力波天文台（LIGO）的设计就是为了探测宇宙中一些壮观的引力波源。其中包括由两个黑洞或者两个中子星组成的系统，以及一个黑洞和一个中子星组成的系统。这些天体系统中的两个天体在彼此环绕的过程中，会逐渐接近并最终合并，它们的合并产生的冲击波就是激光干涉引力波天文台的观测对象。当这些天体系统因引力辐射而失去能量时，其中各个天体的运行轨道就会逐渐缩小。这种缩小是缓慢而渐进的，在轨道缩小的最后几分钟里，天体的移动会变得非常快。可探测的辐射脉冲只有到这个时候才会产生。

坏消息则是，引力波的探测非常困难。

我们如何找到它

雷纳·韦斯（Rainer Weiss）在1967年发表的一篇论文中提出了激光干涉引力波天文台的基本概念。为了达到探测引力波所需要的灵敏度，我们需要许多技术上的革新。韦斯提出构想的近50年之后，我们才首次成功观测到引力波。韦斯以及基普·索恩（Kip Thorne）、巴里·巴里什（Barry Barish）凭借他们在激光干涉引力波天文台方面的研究共同获得了2017年的诺贝尔物理学奖。

为了理解激光干涉引力波天文台探测引力波的原理，我们可以想象有三个物体，分别位于大写字母L的三个顶点处。为了简单起见，我们假设它们漂浮在太空中。在引力波经过时，空间本身会受到扭曲，因此这三个物体之间的距离会随时间发生变化。如果我们能找到方法对L形两条臂的长度进行比较，那么就可以观测到这一效应。这就是观测引力波的方法之一。

然而，经过一些粗略计算，我们得出了令人沮丧的估算结果。长度的变化大约是其自身的 10^{-21} 倍，也就是十万亿亿分之一。对大多数物理学家来说，这似乎是不可能探测到的差异。但是雷纳·韦斯和他的同事们提出了新的想法和测量技巧。他们巧妙地运用镜子作为参照物。在测量中，他们将镜子放置在距离彼此很远的地方①，并且让光束在每条臂上来回反射多次。这种重复性的光路实际上伸长了每条臂的长度。一种标准的测量技术（即干涉测量法）能够比较仅有波长几分之一的光程差。将这些方法结合在一起之后，光的波长与放大的臂长之间比例的差距就能达到10^{-21}的精确度。

运用这些技巧，你就可以打造出一个对镜子的相对运动极为敏感的探测器。下一个挑战就是，将引力波引起的运动与其他可能改变镜子之间距离的运动区分开来。

毫无疑问，我们需要考虑很多事情。激光干涉引力波天文台团队在计划文件以及研究论文中，对他们采取的保护措施以及执行的一致性检验做出了深入且详细的阐述。在这里我只提一下最严重的问题。因为实验器材架设在地球上，因此从轻微地震到恶劣天气，再到来来往往的大型车辆等各种原因引起的振动都是无法避免的。为了减轻这些振动的影响，反射镜被悬挂在四阶摆上，并且通过主动反馈来保持稳定。这些措施将减震和降噪的工艺提升到了新的高度，堪称工程上的奇迹。

另一方面，在我们的预测中，由引力波引起的振动具备一些特殊的特征，这也有助于我们准确识别它们。最基本的一条是，引力波一定会激发两个独立的位于不同位置的探测器，这

----

① 大概相隔几千米的距离。

两个探测器探测到的运动模式相互一致，但会有一个时间差，因为引力波以光速传播。更详细地说，黑洞和中子星合并的理论预测了由它们产生的引力波引起的振动随时间变化的函数应该是什么样的。

2015年9月18日，我们首次成功探测到引力波。这一探测结果与对两个黑洞合并后爆发的辐射进行的预测相符，这两个黑洞的质量大约是太阳的20~30倍，它们距离我们约13亿光年。

在那之后，我们又探测到大约50多次引力波事件。其中，有一个在2017年8月17日被探测到的事件非常有趣，它与两个中子星合并的预测结果相符。注意到这一现象之后，天文学家又在电磁波谱中的某些波段对其进行了观测，并且观测到了由其引发的伽马射线暴以及持续可见的余辉。这开启了新的"多信使"天文学时代，我们有望通过它来提高我们对遥远奇异事件的感知能力。

有关感知能力的未来展望

分布式感官

> 仔细听：隔壁有一个
>
> 美好至极的宇宙；让我们一起过去吧
>
> ——爱德华·埃斯特林·卡明斯

"橡胶手"错觉是一种令人惊奇的体验。你要做的是，把右手藏在一个隔板后面，看着它旁边的一只假的橡胶手，然后有一个朋友以一种随机的频率同步轻拍或抚摸你看不见的真手和看得见的假手。经过一段短暂的时间（通常不到一分钟）之后，你会觉得这些敲击和碰撞源自这只假手而不是你的真手。黛安娜·罗杰斯-拉马钱德兰（Diane Rogers-Ramachandran）和维拉亚努尔·拉马钱德兰（Vilayanur Ramachandran）是研究这种错觉以及类似错觉的杰出代表，他们呼吁大家关注这种错觉的深刻含义：

> 我们所有人在生活中都会对自己的存在提出某些假设……但是有一个看似毫无疑问的前提：你被固定在你的身体里。然而，只需要给你几秒钟适当的刺激，即便是这种与存在相关的不言自明的认知基础也会被暂时抛弃。

几年前，我曾经在一个小时左右的时间里同时出现在两个地方。当时我正坐在马萨诸塞州剑桥市的家中，同时也在瑞典的哥德堡参加一个会议。我是通过扩展到全身的"橡胶手"错觉做到这一点的。我通过一个机器人的"眼睛"和"耳朵"观察和聆听这个世界，并且通过操纵杆来控制它的目光和注意力。我还可以"四处走动"、与人交谈，他们可以在屏幕上看到我的面部表情——这些都是机器人版本的我的一部分。我做了一个简短的演讲，在舞台上来回踱步，听到了观众的回应，参加了一个小组讨论，还在茶歇时与大家打成一片。

起初，在学习如何驾驭这个系统时，我能够敏锐地意识到这个系统的人工性。但是大约半小时后，随着机器变成第二天性并且不再需要我有意识地引导，我觉得自己好像真的来到了哥德堡。然而在我的脑海里，我仍然能意识到自己同时也在剑桥，坐在电脑屏幕前。我的意识得到了扩展——我的机器人扩展了我的自我。

我使用的系统很粗糙。没有人会把 ProBeam 平台当作人体，正如没有人会把橡胶手当作血肉一样。但这却让我获得了一段难忘的体验。在未来，功能更加齐备的平台以及更具沉浸感的虚拟现实反馈，将会为我们提供广泛分布在空间各处但又深度融入我们头脑中的感官。

量子感知与自我感知

我想我可以有把握地说，没有人真正理解量子力学。

——理查德·费曼

当我能预测一个方程的解应当具备何种性质时，即便没有实际地解这个方程，我也认为我已经理解了它。

——保罗·狄拉克

人类的自然感知与量子力学并不相符。在量子世界中，许多种可能发生的事件和行为是同时存在的。如果你进行观察，那么你只能观察到其中的一种，并且你也无法提前获知将会观察到的是哪一种。没有哪一套单一的感知（即观察）能够完全真实地描述量子系统的状态。[①]

　　相比之下，人类自然感知的最高成就就是给我们提供了这个世界的表象，即或多或少具备可预测性的物体在三维空间中占据着或多或少具有确定性的位置。这对我们的日常生活来说是非常有用的信息，我们不费吹灰之力就能把这些信息提取出来。但是基本原理向我们揭示，其实我们还有很多可以观察的东西，而量子力学把它提升到了另一个层次。

　　幸运的是，我们有一些方法可以改造量子世界，使之符合人类的感知，虽然我们对这些方法的探索还非常不足。如果我们能够计算出一个有趣的状态，比如质子中的夸克和胶子的状态，或者是分子中电子和原子核的状态，或是量子计算机中量子比特的状态，那么我们就可以计算出我们对这些事物的观测结果，并且可以计算无穷多次，就好像我们创造了它们一样。之后，我们可以使结果呈现为"正常"的感知，并将其以并行的方式呈现在多个显示设备上。如此一来，物理学家、化学家以及观光者都可

---

① 更多有关这一方面的内容详见本书最后一章。

以沉浸在量子世界中，并且最终也许能够理解量子世界。

认识你自己。

——德尔斐阿波罗神庙中铭刻的箴言

在我们的自我感知中也出现了一个类似的奇怪问题。在我们的大脑中同时发生着很多事情，但是我们的自然意识只允许我们同一时间内关注一件事，其余大量的事物完全隐藏在我们的大脑之外。你可以将注意力从一个工作模式中转移到另一个工作模式中，但是同时专注于一个以上的模式是非常困难且不自然的。[1]随着我们监控和解释大脑状态的能力不断提高，我们将有可能绕过自然意识的过滤，通过视觉系统将我们内在的自我呈现给感知的自我。我们眼中的事物变多了，隐藏的事物变少了。人们将以新的方式更加深入地了解自己，或许也能更加深入地了解他人。

---

① 我承认这几句话只是一种粗略描述，现实状况是非常复杂的。但这几句话的主旨是正确的，这足以让我阐明我的观点。

谜团犹存

神秘感是我们所能体验的最美好的事物，它是所有真正的艺术和科学的源泉。如果一个人无法体会到神秘感，不再因好奇而探寻，不再因惊叹而驻足，那么他和一个死人也没什么两样了——他什么都看不见。

——阿尔伯特·爱因斯坦

尽管我们对世界如何运转已经有了诸多了解，但是仍有许多谜团存在。以下三个问题我们在之前已经提到过了：

- 是什么引发了大爆炸？它还会再度发生吗？

- 基本粒子和基本力的范畴看起来在不断扩张，其中是否隐含着有意义的模式？

- 具体来说，意识是如何从物质中产生的？（或者说，意识是否产生于物质之中？）

在这里，我们将会把探索的焦点集中在两个更为引人注目的谜团之上。它们处于当今研究工作的前沿，旨在加深我们对物理世界的基本理解。第一个谜团围绕着基本定律的一个奇异的特征。如果你将时间反演，那么基本定律与时间正向的情况几乎完全一样，却又不尽相同。第二个谜团来自一个令人困惑的发现。天文学家在各种情况下都遇到了看似没有任何可见来源的引力。从表面上看，他们的观测似乎揭示了宇宙的"黑暗面"，它由两种新的物质形式组成——分别是"暗物质"和"暗能量"。尽管它们提供了宇宙中的大部分质量，但是不知为何，我们从来没有观测到它们。

一个有前景的想法可能有助于解决这些谜团。时间反演问题使许多物理学家怀疑存在一种新的粒子，即轴子。大爆炸遗留下来的轴子余辉具备暗物质的特性。围绕这一想法的一系列研究，引发了一场世界各地数百名科学家参与的激烈竞赛。

时间反演（T）

时间的镜像

在我们经历过的现实中，最明显的不对称性就出现在过去和未来之间。我们铭记过去，却只能猜测未来。如果你倒放一部电影，比如查理·卓别林的《城市之光》，你会觉得倒过来的一系列事件看起来一点儿也不像会在现实中发生的样子。你绝对不会将倒放的电影与正常的电影弄混。

然而，从现代科学的诞生开始，从牛顿的经典力学至今，基本定律都具备的一个共同特性就是，你可以沿着时间把它们倒转回去。也就是说，你根据现在的状态倒推过去的状态，和根据现在的状态预测未来的状态所用到的定律是一样的。例如，你现在如果想要根据牛顿定律拍摄一部行星围绕太阳运行的电影，那么你将这部电影倒放之后会发现，电影中的运动仍然遵循牛顿定律。定律的这种特征被称为时间反演对称性，简写为 T 对称性。

定律的范畴一直在扩大，而时间反演对称性依旧存在。例如，电磁场的麦克斯韦方程组以及爱因斯坦修正后的引力方程都具有这样的性质，这些方程的量子版本也同样具备这种性质。对基本相互作用的观察似乎都证实了 T 对称性。

日常经验和基本定律之间的这种反差带来了两个问题。其中一个问题是，现实中的宇宙是如何为时间的流动选定方向的。我们在第 6 章和第 7 章（特别是第 7 章）中找到了答案，我们看到引力打破了平衡。[①]另一个问题就是一个很简单的"为什么"。

①　当然，为什么会发生这样的事显然需要进一步的解释。我们在第 6 章和第 7 章讨论了一些相关的概念，特别是暴胀以及简单中的复杂性。

既然时间反演对称的特征在我们所经历的世界中基本上没怎么出现过，它为何又出现在我们对大自然的基本描述中？

为什么？第一步：底线

家长们常常会被小孩子的十万个"为什么"问得很烦恼。为什么我一定要睡觉？因为人需要休息。为什么？因为人的身体会累。为什么？因为我们的肌肉工作一段时间之后就无法继续保持很好的状态了。为什么？因为它们将我们吃下去的食物转化出来的能量用完了，并且留下了一堆垃圾等待清理。为什么？因为根据热力学第二定律，一个系统内的能量会越来越不可用。为什么？因为在大爆炸期间，引力带来了不平衡……最终，你总会遇到无法解答的问题。①总会有那么一些答案是最为基本的，并且我们无法进一步解释它们：它本来就是这样，没有为什么。

T对称性似乎是基本定律的一个确切特征，我不知道对它问"为什么？"能不能得到什么有效的信息。它似乎是定律的一种简洁的性质，虽然有些奇特。T对称性可能就是那个位于底线的答案。大多数物理学家都这么认为。

_____

① 或者，你的答案有可能会让孩子昏昏欲睡。

为什么？第二步：神圣原则

1964年，情况发生了变化。詹姆斯·克罗宁（James Cronin）、瓦尔·菲奇（Val Fitch）以及他们的合作者在K介子[1]的衰变中发现了一个微小、模糊的效应，它违反了T对称性。既然T对称性已经不再是完全正确的命题，那它就无法作为不言自明的基本事实了。显然，有一个需要进一步深入研究的问题：为什么大自然如此接近地符合T对称性，却又不完全相符呢？后续的研究表明，这个问题确实能够给我们带来很多有效的信息。

1973年，小林诚和益川敏英在这一问题上取得了理论性突破。这一突破建立在量子场论以及关于力的核心理论（这些理论在当时还不够稳固）的强大框架之上。我前面已经提到过，这个框架是非常严格的——你无法在不破坏其一致性的情况下轻易地改变它。没人知道如何在不违反相对论、量子力学和局域性的神圣原则[2]的前提下改变它的结构。但是你可以往里增加一些内容。小林和益川发现，通过在已知的夸克和轻子的基础上再加入第三

---

[1] K介子是强相互作用粒子（强子），它极不稳定，我们可以使用高能加速器仔细研究其性质。K介子是所有包含奇夸克的强子中最轻的。

[2] 当然，从神学意义上来说，任何一种科学原则都不会像宗教教条那样神圣。但是如果相对论、量子力学或局域性是错误的，我们就要在知识的荒原上重新开疆拓土，因为这些原理很好地发挥了作用，并且能将很多事情解释清楚。换句话说，它们可能比T对称性更为基本。

代夸克和轻子①，就有可能引入一种违反T对称性的相互作用，并产生克罗宁和菲奇观察到的效应。只有两代的夸克和轻子是不够的。

在小林和益川的研究工作完成后不久，他们预测的第三代粒子开始在以更高的能量运行的粒子加速器中出现。在那之后，有很多实验也证实了他们提出的相互作用。

然而，这并不是故事的大结局。除了小林和益川利用的相互作用之外，还有一种相互作用也有可能违背了T对称性，不过它完全符合核心理论以及量子场论的严格框架。解释克罗宁和菲奇看到的现象或是其他任何观察结果都不需要引用这种相互作用。大自然似乎没有选用它。为什么？

为什么？第三步：演化

1977年，罗伯托·佩切伊（Roberto Peccei）和海伦·奎因（Helen Quinn）对第三个，也可能是最后一个有关T对称性的"为什么"做出了回答。这是一种演化理论，通过扩展核心理论得以展开。他们提出，多余的额外相互作用的强度并不是一个简单的数字，而是一个随时间和空间发生变化的量子场。他们证明，如果新的场具备一些适当的、相对简单的性质，那么作用于

---

① 有关这些"额外"粒子的更多信息请参见附录，其细节对于接下来的内容并不重要。

其上的力会使其趋于零。佩切伊和奎因暗含的假设是，这个场倾向的取值就是零。大爆炸宇宙学认为，这个场会逐渐向这个取值演化。[①]

最终，在这一基础上，我们将会得到一个满意的答案：T对称性几乎可以被看作基本定律的一项特征，它很接近，但并不完全是。它是更深层次的原理（相对论、量子力学和局域性）作用于这个世界的基本成分的间接结果。

这些理论思想产生了戏剧性的后果，我们很快就会说到。在此之前，我们先看看宇宙中的黑暗面。

宇宙的黑暗面

暗物质和暗能量具有相似的特性，因此将它们放在一起讨论是有意义的。它们都指向了我们观察到的那些没有明显来源的运动。其实如果我们表述成"存在无法解释的加速度"，可能会比"存在暗物质和暗能量"要更加准确，但这样的话这个问题就不会这么引人注目了。这些额外的运动都呈现出一种模式，这说明它们都是由引力引起的，但是引力的来源不可见。为了解释所有的观测结果，我们需要两种不同的新来源，这就是暗物质和暗

---

① 我们很快就会讨论到，这里的差值可能就是宇宙中暗物质的来源。

能量。我得强调一下，无论是暗物质还是暗能量，它们名字里面的"暗"字都并非指代它们的颜色。到目前为止，它们都被证明是不可见的。在暗物质和暗能量应该存在的地方，我们既没有探测到光的发射，也没有探测到光的吸收。

暗物质可能是由大爆炸产生的一种新粒子形成的，这种粒子与普通物质的相互作用非常微弱。暗能量则可能是空间中普遍存在的其自身的密度。以上是相关研究领域中最流行的观点，而它们也确实相当令人信服地解释了一系列观测结果。其他的观点同样也有拥趸，但是这些观点更没有什么证据支持了。

类似的问题，也就是莫名其妙出现的加速度，此前在天文学中也曾经出现过。为了解释这件事的来龙去脉，我们先要介绍一小段历史。

1687年，被牛顿称为"世界体系"的牛顿力学以及万有引力定律被引入，此后几十年间它们战无不胜。许多人对天体运动进行了更精确的观测，还有一些人对该理论的预测进行了更精确、更广泛的计算。观测结果几乎无一例外地与预测一致。

然而，出现了两个令人困扰的问题，它们出现在对天王星和水星运动的研究中。牛顿理论的预测结果与这两颗行星的观测位置之间出现了明显的差异。这些差异非常小，比月亮在天空里的直径小得多，但是远远超出了观测误差所能允许的范围。一定是出了什么问题，要么是计算过程有疏漏，要么就是理论出了错。

当一个在其他方面非常成功的理论遇到阻碍时，保守的做法一般是假设有什么东西没有被发现。所以约翰·库奇·亚当斯（John Couch Adams）和于尔班·勒维耶（Urbain Le Verrier）都认为，有可能存在着一颗尚未被发现的行星，正是它的引力使天王星偏离了轨道。换句话说，他们实际上提出了一种非常特殊的"暗物质"。

亚当斯和勒维耶计算了新行星的位置，以及它在夜空中的方位。勒维耶把他的预测结果发送给了柏林天文台，观测员按照他指示的方位找到了目标。这颗发现于1846年的新行星就是我们现在所熟知的海王星。

勒维耶尝试用类似方法解决水星的问题。他假设存在一颗新行星，并将其命名为"祝融星"。祝融星一定与太阳靠得非常近，以确保它的引力只会影响到水星，但不会对其他行星造成明显的影响。这也解释了为什么祝融星没有被观测到，因为太阳强烈的光芒会将其完全掩盖。

天文学家随之开始寻找祝融星，尤其是在日食期间，甚至有相当多的人报告了他们成功观测到了这颗行星。但这些目击事件都没能使大家信服，问题变得更大了。最终的解决方案来自一个完全不同的方向。1915年，阿尔伯特·爱因斯坦提出了一个全新的引力理论，也就是广义相对论。尽管牛顿的理论和广义相对论建立在完全不同的思想基础之上，但是在许多情况下，它们都能给出类似的预测。在太阳系的范围内，这两个理论迄今为止最大的差别就在于水星的运动（当然，这个区别依旧很小）。爱因斯坦理论的首次重大胜利之一就是，它不需要引入额外的行星就能够重现我们观察到的水星的运动，爱因斯坦在最开始的那篇论文中就指出了这一点。从那以后，再也没有人提过祝融星这个名字。

"暗能量"是另一个对引力定律的理论修正，爱因斯坦同样考虑过这一点。他给暗能量起了另一个名字：宇宙学常数，它建立在广义相对论的基础上。如果你停留在广义相对论的概念框架内，基本上只有一种方法（也就是我们说的"自由参数"）可以改变万有引力定律，那就是添加一个宇宙学常数。当爱因斯坦考虑这个问题的时候，还没有任何一个观测结果需要非零的宇宙学常数来解释，因此他本着奥卡姆剃刀的原则将这一项设为零。但是如果观测结果确实需要它，那么宇宙学常数也是可以拿出来使用的。

我们可以用一个小玩笑来总结一下历史中的相似之处：暗物质来自海王星，而暗能量则来自水星。历史的经验让我们满怀信心，好的科学谜团往往能找到有价值的解决方案。

暗物质

现代的暗物质问题存在于宇宙的各个角落。在不同尺度，天文学家在很多种不同的情况下观测到过"额外"的加速度。在这里我将会提到两类观测，其中包含了几十乃至上百个记录翔实的案例。

第一类是关于星系边缘的恒星和气体云围绕该星系旋转的速度。开普勒定律中的某一条（它同时遵循牛顿和爱因斯坦的引力理论）在天体沿轨道运行的速度与轨道内部的质量之间建立了联系。因此，只要你观测到某个感兴趣的星系中恒星和气体云围绕该星系旋转的速度，你就能推断出这个星系的质量分布情况。人们发现，只有那些没有发射多少光的地方存在大量的质量，才能准确解释观测到的速度。似乎在人们研究过的所有案例中，星系都被一个由黑暗物质（指不可见的物质）构成的大型晕轮所包围着。事实上，更恰当的说法是，星系中发光的部分其实是暗物质云中的杂质。如果你把暗物质晕的全部质量加到一起就会发现，其大小大约是可见"杂质"的6倍。

第二类是关于光线的弯曲，也就是所谓的引力透镜效应。天文学家观测到，在很多情况下，那些距离我们非常遥远的星系的图像是严重扭曲的，就像我们透过一杯水或一个可乐瓶观察它一样。当来自你所观测的那个星系的光线穿过一个包含其他星系群的空间区域时，这种现象就会发生。广义相对论预测过，引力会使光线弯曲，因此引力透镜的存在并不令人惊讶。令人惊讶的是这种效应的规模。在这里，天文学家再次发现，引力透镜若要达到我们观测到的这种效果，那么途中星系团的质量也应当是可见恒星和气体云总质量的6倍左右。

这些观测结果以及其他一些观测结果表明，暗物质大约提供了宇宙中25%的质量，"普通"物质（也就是我们所熟知的这些构成了我们自身的物质）占了大约4%，剩下的大部分则是暗能量。

暗能量

另一类观测则将我们引向暗能量，这里有一个重要的背景故事需要交代清楚。阿尔伯特·爱因斯坦于1915年创立了他自己的引力理论，广义相对论。不久之后，他在1917年考虑要对广义相对论的方程进行修改，试图使其与所谓的"宇宙学常数"相容。从物理学的角度来说，引入宇宙学常数相当于给空间本身分配了一个非零的密度。因此，宇宙学常数的非零值就意味着空间中每一个体积单位都会给宇宙的总质量贡献相等、非零的量，即便那里（看起来）什么也没有。

广义相对论的框架可以很容易地纳入非零宇宙学常数，这不需要对该理论的基本原理做出什么重大的改变。物质仍然以同样的方式弯曲时空，同时物质也仍然以同样的方式响应时空曲率。宇宙学常数只是承认了时空本身（广义相对论将时空视作能够弯曲、推动和振动的物质）也可能具有惯性。相比之下，从物理效应的角度上来看，其他对广义相对论做出的修正要么非常不自然，要么过于微弱。

宇宙学常数带来的普遍分布的密度与一种特殊的性质相伴而生。在质量密度为正的情况下，空间中必须存在一种负压，其大小等于密度与光速平方的乘积。密度和压强之间的关系与更著名的 $E = mc^2$ 中质量与能量的关系类似，后者将粒子的能量和质量联系在了一起。

20世纪90年代，宇宙学常数被重新命名为暗能量，这个新名称反映了新的态度。现代的物理学家吸取了他们在理解其他力时得到的教训，认识到空间密度不仅仅是出现在广义相对论中的一个没有其他意义的参数。相反，它与物理学的其他部分紧密相连，很多不同的来源都会贡献一部分空间密度。在一个充满不安分的量子场的宇宙中，空间没有惯性才令人惊讶。

1998年，天文学家发现了暗能量。具体地说，他们观测到的一直在增加的宇宙膨胀速率，与普遍存在的负压保持一致。这个膨胀速度是根据哈勃的思路，推导自测量到的红移，不过使用的不是造父变星而是超新星。超新星的亮度要高得多，因此其光芒可以传播到更远的地方。

以大多数的标准来衡量，他们测量到的空间密度非常之小，差不多相当于地球这么大体积的空间只有7毫克的质量。在太阳系中，甚至整个银河系中，空间贡献的质量与普通物质（或暗物质）贡献的质量相比可以说是微不足道的。但是星系际空间巨大规模的虚空，使得这一数值极小却无处不在的密度主宰了整个宇宙的总质量。

暗能量目前约占宇宙总质量的70%。我们不知道为什么来自各种源头的不尽相同，且绝对值大得多的贡献（其中一些是正的，一些是负的）凑在一起得出了这一结果。这是宇宙中的一个巨大的谜团。

宇宙学的"标准模型"

了解到目前暗物质和暗能量（目前还是假设）构成了宇宙的大部分质量之后，可以预料到的是，它们一定也在宇宙的历史中扮演了重要的角色。为了能"倒放电影"来验证这种直觉，我们需要更具体地了解暗物质和暗能量的性质。重新回顾大爆炸可以给我们了解宇宙黑暗面的更多性质的机会。如果我们对它们的猜测是错误的，那么大爆炸模型就无法产生我们观察到的这个宇宙。

鉴于我们对黑暗面的了解少之又少，猜测暗物质和暗能量在大爆炸初期会有何表现似乎是一项不可能完成的任务。幸运的是，事实证明我们不需要了解太多，一些简单的猜测就已经非常有效了。

对于暗物质来说，我们假设它是由某种粒子组成的，这种粒子与普通物质及其自身的相互作用都很弱。我们还要假设它在早期宇宙中与火球的其他部分处于平衡状态，但在那之后不久它就与其他物质脱离了联系，成为我们在第6章中提到过的那种余辉。一个很微妙的问题是，当粒子逃离时，它们的运动速度一定比光速慢得多[①]（之前的一些有关暗物质的早期理论正是因此而失败）。因为（根据假设）引力是唯一与之相关的力，而引力并不能区分不同形式的物质，这就是我们需要知道的全部。一旦暗物质脱离联系，我们就可以计算出暗物质是如何运动的，以及它是如何影响宇宙的其他部分的。这就是所谓的冷暗物质模型。

对于暗能量来说，我们采用爱因斯坦的观点，即暗能量代表空间本身的一种普遍存在的密度，它与普遍存在的负压有关。

基于这些假设，我们可以对宇宙微波背景辐射的密度进行对比，这些辐射中包含的信息可以反映出大爆炸后38万年至今的宇宙是什么样的。暗物质的加入使得不稳定性生效的速度更快。引入暗物质之后，模型中宇宙的演化与我们的宇宙是差不

---

① 如果粒子运动得太快，它们就会影响引力不稳定性的增长，这样你得到的宇宙模型就和我们的宇宙不一样了。

多的；如果没有暗物质，那就会变得不一样。如此一来，"黑暗势力"从微小的初始密度差异开始，通过引力的不稳定性，让我们的大爆炸宇宙学得以产生我们今天在宇宙中观察到的结构。

轴子："清洁剂"量子

在十几岁的时候，我有时会陪妈妈一起去超市。在一次逛超市的过程中，我注意到一种名字叫"滴洁"（Axion）的洗衣粉。我突然想到，这真是一个适合给基本粒子命名的好名字。它简短、朗朗上口，与质子（proton）、中子（neutron）、电子（electron）和π子（pion）放在一起也不违和。在那一瞬间我想，如果我有机会能给一个粒子命名，那我就要叫它轴子（axion）。

1978年，我真的得到了这个机会。我当时意识到，佩切伊和奎因的那个引入一个新的量子场的想法有一个他们自己没有注意到的重要结果[①]。我们之前讨论过，量子场会产生粒子，也就是该量子场的量子。这一特殊的场产生了一种非常有趣的粒子，这种新粒子有一个有趣的技术特征，它用轴向电流"扫清"了一

---

① 史蒂文·温伯格同样独立地发现了这一点。

个问题。辰宿列张，轴子（在物理学文献中）登场！

（顺带一提，如果我在论文发表之前公开了我的真实动机，那么《物理评论快报》的编辑，可能还有滴洁洗衣粉的制造商是绝对不会同意我用这个名字的。我当时在文章中提到了"轴向电流"，才借此机会将这种粒子命名为轴子。）

寻找它们的余辉

轴子的性质让它成为宇宙中暗物质组成部分的候选人：它们与普通物质以及自身的相互作用都非常微弱。它们在高温下产生，之后从宇宙火球中挣脱出来。它们的余辉（即轴子背景）充斥着整个宇宙。我们计算出的轴子背景密度与观测到的暗物质密度一致，而且轴子是在几乎静止的状态下产生的。因此，轴子背景满足了"冷暗物质"宇宙学的假设。

这个故事很美妙，但它是真的吗？正如我们所说，轴子与物质的相互作用极其微弱，但是我们可以从理论中得知它们确实会发生相互作用，以及以何种方式相互作用。为了探测轴子背景，我们需要根据它们的特性设计灵敏的新型探测器。现在，成百上千的物理学家，既包括理论物理学家也包括实验物理学家，正在努力攻克这个难题。如果正义和运气不缺席的话，我们可能很快就会看到一个与海王星、宇宙微波背景、希格斯粒子、引力波和系外行星等发现同等重要的传奇故事。科学的神秘故事的解决方案往往都价值连城。

有关谜团的未来展望

谜团如何终结

瓦尔·菲奇是早期T对称性破缺研究领域的代表性人物，他是个挺有幽默感的聪明人。他之前是普林斯顿大学物理系的主任，当时我也是那里的教授，那还是在我研究生涯早期的时候。我在把有关轴子和暗物质的新想法告诉他时[①]，自然而然地提到了T对称性破缺，就好像那是一个自古以来颠扑不破的事实一般。毕竟，我刚开始学习的时候，它就已经被学界广泛接受了。在我们交谈中的某一时刻，他和蔼地笑了笑并对我说道："昨天的轰动事件就是今天的准绳。"

这就是成功的科学发现的命运。我曾在渐近自由和QCD（量子色动力学）的故事结尾感受过类似的过程。在我们取得突破之后的几年时间里，人们对于它是否真的解开了强力的谜团满怀兴奋和质疑。在多次大型国际会议上，主题为"检验QCD"的报

---

① 我们还谈论了宇宙中物质和反物质之间的不对称性。

告都是亮点部分，介绍了运用该理论做出的预测，以及在实验中对其进行检验的进展。然而，随着疑虑逐渐消失，人们的兴奋也逐渐消退。如今，同样的工作转至幕后仍在继续，不过现在已经比那时要复杂得多了，我们将其称为"背景计算"。昨天的轰动就是今天的准绳，以及明天的背景。

了解和疑惑

除了对特定谜团的未来展望之外，对谜团本身的未来发展也有很多有趣的问题值得探讨。

克莱基金会提供了100万美元，奖励给证明QCD预测了夸克禁闭的人。物理学家的标准更低一些（我觉得更恰当的说法应该是，物理学家的标准有所不同），据我所知，我们已经远远不止于证明了夸克禁闭现象。在计算机的帮助之下，我们可以在很小的误差之内计算出QCD会生产出哪些粒子，但是孤立的夸克并没有在计算结果中出现。事实上，这些计算结果中粒子的质量和性质与我们在自然界中观测到的粒子完全一致。

超级计算机应该获奖吗？负责编写代码的程序员呢？

2017年，一个叫作阿尔法零（AlphaZero）的计算机程序极富创新性地使用了人工神经网络，在掌握了国际象棋规则之后，它与自己进行了几个小时的对弈，从中吸取经验之后，最终取得了超越人类的表现。阿尔法零懂国际象棋吗？如果你想回答"不懂"，那我建议你去看看伊曼纽尔·拉斯克（Emanuel Lasker）是怎么说的，他曾在1894年至1921年间连续27年夺得世界冠军[①]。

> 在国际象棋的棋盘上，谎言和伪善绝不会长久。富有创造力的组合会充分揭露谎言，伪君子会在残酷的现实中被将死。

这样的案例表明，有一些方法是人类意识无法获得的。但是说实话，这不是什么新鲜事。有很多事情同样是人类意识无法提供的，但人类本能地知道该怎么做，比如怎样以极快的速度处理视觉信息，以及如何让身体保持直立、行走和奔跑。

人类和地球上其他生物的基因组是另外一个巨大而无意识的知识宝库。它们已经解决了有机体为蓬勃发展而遇到的很多复杂的问题，这些壮举远远超出了人力可及的范围。它们并不是通过任何逻辑推理过程，而是通过漫长而低效的生物演化过程逐渐"学会"了如何做到这些，而且它们不可能有意识地知道自己掌握了这些事情。

---

① 拉斯克在纯数学领域同样做出了杰出贡献。

我们的机器能够进行冗长而精确的计算，能够储存大量的信息，能够以极快的速度学习，这些能力为理解问题的方式带来了质的飞跃。计算机将会朝着各个方向拓宽知识的边界，最终到达人类大脑无法抵达之处。当然，有了计算机辅助的大脑能够为这些探索提供帮助。

人类有一种进化和机器所不具备的特殊特质，就是能够识别自身理解中的空白，并且从填补空白的过程中获得快乐。体验神秘感和力量感是再美好不过的事了。

互补性是思维的拓展

检验一流智力的标准是头脑中能同时持有两种截然相反的观点，却能并行不悖。

——弗朗西斯·斯科特·菲茨杰拉德

显然，这种互补性推翻了学术的本体论。真理是什么？我们之所以要提出彼拉多的问题，并不是出于怀疑和反科学的意义，而是出于信心，我们相信对这种新情况更进一步的研究将会让我们对物质和精神世界有更深的理解。

——阿诺德·索末菲

互补性这一概念最基本的形式是：我们从不同的角度思考同一个事物的时候，似乎会发现它同时具有不同的性质，甚至是相互矛盾的性质。互补性是一种对待经验和问题的态度，我觉得这种态度让我大开眼界、受益良多。它真的改变了我的思考方式，并且让我变得更加强大：想象力更加开放，也更加兼收并蓄。现在，我想依据我的理解，和你们一起探索由互补性向外发散的见解。

这个世界既简单又复杂，既逻辑森严又怪诞不经，既秩序井然又混乱不堪。如我们所见，对基本原理的理解并不能解决这些二元性，反而还会突出并深化它们的影响。如果不把互补性牢记在心，你就无法完整地描述物理现实。

人类同样也被二元性裹挟。我们既渺小又庞大，既转瞬即逝又长盛不衰，既知识渊博又懵懂无知。如果不把互补性牢记在心，你就无法完整地描述人类的状况。

科学中的互补性

丹麦伟大的量子物理学家尼尔斯·玻尔率先阐明了互补性的强大力量。如果直观地看待历史，我们会说玻尔从他对量子物理的研究中掌握了互补性的概念。不过从另一个角度来看，玻尔的这种思维方式其实早在他对量子物理领域做出卓越贡献之前就已经形成了，甚至有可能他正是凭借这一认识才得以在量子物理领域做出这样的贡献。在这里，一些为玻尔写传记的作家看到了丹麦哲学家、神秘主义者瑟伦·克尔凯郭尔对玻尔的影响。

从1900年左右人们初次发现量子行为的迹象开始，一直到20世纪20年代后期现代量子理论出现为止，这期间出现的一些不同的实验观测数据之间存在看似不可调和的矛盾，科学家也为此进行过一段激烈的争论。在这一时期，玻尔堪称构建模型的大师，这些模型能解释一些观测结果，同时也能够战略性地忽略其他的观测结果。阿尔伯特·爱因斯坦是这样评论他的工作的：

> 这种不稳固且矛盾的基础足以让玻尔这样直觉敏锐、思维敏捷的人把握住原子的主要规律……及其在化学上的重要性，在我看来就像一个奇迹——哪怕是现在看来也同样如此。这是思想领域中最高形式的音乐神韵。

玻尔通过这一时期的钻研，将互补性发展为一种强大的洞见，这一洞见从科学发展到哲学，最终成为全人类知识宝库中的共同财富。

量子力学中的互补性

在量子力学中，波函数是对一个物体（无论是电子还是大象）最基本的描述。一个物体的波函数可以被看作一种原材料，我们可以把它加工成对物体行为的预测。对于不同的问题，我们需要用不同的方式处理波函数。如果我们想要预测物体的位置，那就必须用这种方式对它的波函数进行处理；如果想要预测物体的运动速度，那就必须用另一种不同的方式来处理波函数。

这两种处理波函数的方式大体上可以类比成两种用于分析音乐的方法：通过和声以及通过旋律。和声是针对某个局部的分析，这种方法监视的对象是事件中的某一时刻，而不是空间中的某个点；旋律则是一种更为全局性的分析。和声可以类比于位置，而旋律则可以类比于速度。

我们无法同时处理这两个信息，因为它们会互相干扰。如果你想要获得有关位置的信息，那么就必须以一种损坏速度信息的方式处理波函数，反之亦然。

虽然数学上精确的细节可能会相当复杂，但需要强调的是，这些处理方式背后都有着坚实的数学基础。我们目前认为，量子理论中的互补性不只是一个空洞的判断，而是一个数学上的事实。

到目前为止，我一直在用数学概念讨论量子互补性，也就是波函数及其处理。我们可以通过实验更加直接地考虑同样的状况，以获得不同的视角。在这一前提之下，我们不需要考虑如何处理粒子的波函数来做出预测，而是要考虑如何通过粒子的相互作用来测量它的特性。

在量子理论的数学框架之下，位置和速度的互补性可以被看作一个定理。但是量子理论中的数学有诸多怪异之处，它只能试图描述大自然，却不能揭示真理。事实上，包括爱因斯坦在内的许多量子理论的先驱，都对其成熟的数学形式持怀疑态度。

与量子理论无法同时预测位置和速度相对应的是，我们永远不可能在实验中同时测量这两个性质。如果想要同时测量位置和速度，我们就得跳出量子力学的框架及其处理波函数的方法，构建一个新的数学理论。

年轻的维尔纳·海森堡在奠定现代量子理论的基础之后不久，就意识到，量子理论的数学推导会得出一个惊人的结论，即位置和速度无法同时被测量。他将这种认识总结为"不确定性原理"。由他的不确定性原理产生的一个关键问题是，这条原理是否正确地描述了物质世界的具体事实（即我们可以观察到的事物）。海森堡一直致力于解决这个问题，并且在他之后，爱因斯坦和玻尔也参与了进来。

在物理行为的层面上，这种冲突（或者说这种互补性）反映了两个关键事实。第一，若要测量某个物体的性质，那你必须和它发生相互作用。换句话说，我们的测量并不是捕捉"现实"，而是对其进行采样。

正如玻尔所说：

在量子理论中……目前为止，在逻辑上理解迄今为止未受质疑的基本规律……要求，物体的行为以及物体与测量仪器的相互作用这两者之间不能存在任何明显的分割。

第二，精确的测量需要强大的相互作用，这也巩固了之前提到的第一个关键事实。

考虑到上述内容，海森堡思考了许多不同的用于测量基本粒子位置和速度的方法。他发现，每一种情况都符合他的不确定性原理。这一分析让他建立了信心，他认定量子理论中奇怪的数学特性刚好反映了物理世界中一些奇怪的事实。

我们在前文提到的两个原则（观测是积极的过程，以及观测具备侵入性）是海森堡分析的基础。如果抛弃这些原则，我们就不能用量子理论的数学运算来描述物理现实了。然而，它们却破坏了我们在儿童时期建立起的世界模型，在这个模型中，我们观察到的外部世界在"那里"，它和我们自己之间有着严格的分割。在吸取海森堡和玻尔的经验之后，我们开始意识到，其实如此严格的分割是不存在的。我们通过观察世界也参与了对世界的创造。

海森堡在哥本哈根的玻尔研究所从事不确定性原理的相关研究。这一领域的两位先驱进行了激烈的讨论，并且形成了某种科学上的父子关系。玻尔早期有关互补性的思想一开始是作为对海森堡研究工作的诠释而出现的。

爱因斯坦不认可玻尔和海森堡的发现，他对互补性感到不满。他认为，两种有效却不相容的观点无法同时存在。他希望能找到一个将所有可能性都包含在内的更为全面的理解。他尤其希望能够找到同时测量粒子的位置和速度的方法，这是一个典型的例子。他认真地思考了这个问题，并尝试设计能同时揭示一个粒子的位置和速度（或是动量①）的实验。爱因斯坦的思想实验非常巧妙，他所考虑的比海森堡要复杂得多。

在著名的玻尔-爱因斯坦论战中，正如玻尔在《就原子物理学中的认识论问题和爱因斯坦进行的商榷》一文中所描述的那样，爱因斯坦用一系列思想实验向玻尔发起了挑战。这些实验挑战了量子力学的互补性，特别是能量和时间的互补性。在应对这些挑战的过程中，玻尔每次都发现了爱因斯坦的分析中存在细微的缺陷，并且成功捍卫了量子理论的物理自洽性。

他们的论战以及后来其他的论战阐明了量子理论的本质，但迄今为止，对量子理论正确性的质疑从未取得成功。与此同时，我们运用量子理论设计了许多堪称奇迹的东西，从激光到智能手机，再到全球定位系统。其实之前我们还拿不准这些基于量

---

① 在前面有关不确定性原理的讨论中，我提到的一直是位置和速度的关系。实际上在物理学的文献中，更常见的说法是动量而非速度，这从技术的角度来看会更加方便。之后我会继续使用速度这个说法，因为大多数人对速度的概念更加熟悉。

子理论的设计能不能取得成功，但它们的辉煌无须多言。如果说"杀不死你的会让你变得更强大"，那么量子理论及其暗含的互补性现在确实非常强大。

（这对我们在本节的开头提到的大象意味着什么呢？虽然从理论上讲，量子不确定性确实存在，但是我们在对大象的测量中其实完全可以忽略它。在实际应用中，我们可以毫不费力地同时测量大象的位置和动量。它们的不确定性与它们本身的数值相比根本微不足道。但是对于原子中的电子来说，情况就不同了。）

不同层面的描述

运用不同层面的描述是互补性的另一个来源。当用于描述系统的一种模型过于复杂而无法使用时，我们有时候可以根据其他概念找出一个互补的模型来解答重大的问题。

我会用一个简单而具体的例子来阐述基本思路，这个例子意义重大，并且实用性极强。用于填充热气球的气体是由大量原子构成的。如果我们想通过对原子应用力学定律来预测气体的行为，就会面临两个很大的问题：

- 即使我们能够满足于以经典力学为基础（作为近似值）来进行运算，我们也需要知道每个原子在某一初始时刻的位置和速度，这样才能获取方程在运算过程中所需的数据。收集并存储这么多数据是完全不切实际的，而量子力学只会让这个问题变得更加糟糕。

• 即使我们能够以某种方式获取这些数据并存储它们，跟踪粒子的运动所需要的计算也更加繁杂到不切实际。

尽管如此，有经验的热气球驾驶员还是能够信心满满地驾驶这种飞行器。从某些方面来说，空气的行为是很容易预测的。

只需要引入密度、压强和温度这些不同的概念，我们就能得到一些简单的定律，用于描述空气的大尺度行为。热气球驾驶员在驾驶的过程中需要用到的并不是针对原子的描述，而是我们现在引入的这些概念。从理论上讲，针对原子的描述包含的信息更多，但是如果你的目标是驾驶热气球的话，那么其实这些信息中的大多数都是没用的（更糟糕的是，它会形成干扰）。例如，我们现在考虑某个特定原子的位置和速度。由于它在不断地运动，并且还会与其他原子相撞，因此这些性质会随时间迅速地发生变化。原子精确的初始状态对其实际的运动轨迹有着决定性的影响，其他原子的行为也同样对它的运动轨迹有所影响。因此，与某一特定粒子的位置和速度相关的信息非常难以计算，并且时时刻刻都在改变。简单讲，它既不简单，也不稳定。密度、压强和温度等概念在这些方面则更为有效。找到并量化这些简单而稳定的性质是一项重大的科学成就，我们可以用它们来解答重大的问题。

大多数科学学科都是在寻找简单而稳定的性质，它们可以解答一些我们感兴趣的问题。我们有时会将其称为涌现①性质（我们此前在第7章中从一个略有不同的角度遇到过这个概念）。找到有用的涌现性质并学会巧妙地运用它们，可以让我们取得很大的成就。在整个自然科学领域不同学科的历史中诞生了许多重要的涌现性质，如熵、化学键、刚度等，我们在此基础上构建了许多有用的模型。

类似的问题也出现在自然科学学科之外，比如我们希望能更加有效地理解人类的行为以及股票市场，等等。对这些学科"原子"层面的描述同样很复杂，若是要跟踪单个神经元或是单个投资者的行为，那将会复杂到令人绝望，更不用说跟踪组成它们的夸克、胶子、电子和光子的行为了。如果你的目标是与他人和睦相处，或是通过投资股票获利，这些方法显然是不切实际的。

所以我们要转向别的概念来回答这些大尺度的问题，这些概念你可以在心理学和经济学的教科书中找到。我们可以在书中查阅到针对人和市场的模型，它们与微观的"原子"模型是互补的。在心理学和经济学领域，我们还没有找到多少像物理学家的气体模型那样可靠的模型。对涌现性质的寻找，以及对建立在涌

---

① 原文为emergent，指包含大量简单成分的系统中由各组分间的互动自发出现复杂现象的过程，又译"层展""演生"等。——编者注

现性质基础上的实用模型的研究仍在继续。

用最基本的构成要素完成对整个世界的描述会给人带来极大的满足感。人们很容易认为这才是最理想化的描述，而其他高层次的描述仅仅是近似的，是由于我们对系统的理解过于薄弱而不得不做出的妥协。这种态度把"完美"放在了"优秀"的对立面，它看起来很深刻，但实际上非常肤浅。

为了解答那些令人感兴趣的问题，我们时常需要转变焦点。发现（或是发明）新的概念以及找到运用它们的新方法，是兼具开放性和创造性的举措。在设计有用的算法时，计算机科学家和软件工程师都很清楚，关注知识的表达方式是非常重要的。良好的表达可以区分可用的知识以及"理论上"存在但并不真正可用的知识，因为定位和处理后者需要耗费的时间太久，并且会带来很多麻烦。二者之间的区别就像是真正拥有金条和知道海洋中理论上溶解了大量金原子之间的区别一样。

因此，如果我们能完全理解基本定律，那么我们得到的既不是"万物理论"，也不是"科学的终结"[1]。我们仍然需要现实的互补性描述。现在还有很多重大的问题没有得到解答，也有很多伟大的科学研究有待完成。

这是永无止境的。

---

[1] 这两个概念在大众科学新闻中非常流行，这让我很恼火。

在科学之外：人类知识宝库中的互补性

艺术领域的例子

我的音乐家朋友明娜·珀莱宁（Minna Pöllänen）提出了她的领域中一个美妙的互补性的例子，我在前文中曾经简要地提到过这个例子。在复调音乐中，有两种截然不同的东西会同时出现——每个声部都有一个旋律，而它们合奏时则形成了和声。我们既可以关注旋律，也可以关注和声。其中任意一种与音乐互动的方式都是很有意义的。你的注意力可以在二者之间切换，但你无法同时关注这两个部分。

毕加索和其他立体派艺术家创造的视觉艺术，以图像的形式捕捉了互补性。通过从多个角度描绘同一幅画中的某个场景，他们可以更加自由地表现他们重视的内容。小孩子在绘画时也会这么做。这些作品中奇特的夸张和并置强调了可能被视为互相矛盾的不同视角，这在物质世界中是不可能实现的。这种坦率的互补性在小孩子的绘画中显得很可爱，而大师则可以通过这一点向我们展示何为天才。

人类的模型——自由和决定论

我们也会构建人类心理的模型，并以此解答相关的问题。

例如，如果我们想预测一个人在社会环境中的行为，那么我们可能会考虑他的性格、情绪状态、生活经历、母文化，等等。简而言之，我们给他的思想和动机构建了模型。这个模型的核心概念是意志，也就是关于选择的想法。

另一方面，如果我们想预测这个人在核爆中心会发生什么的话，那么采用基于物理学的另一类模型将会更为合适。在这种情况下，这个人的思考和意志完全没有意义。

基于思想和心理学的模型以及基于物质和物理学的模型都是有效的，可以分别用于解决不同的问题。但是这两种模型都不完整，也无法完全互相替代。人类确实会经过思考做出选择，而人类的身体则服从物质的规则，这是我们在日常生活中体会到的事实，它们都千真万确地存在。我们要贯彻互补性的思路，接受这两种模型同时存在的事实。我们要认识到，它们谁也不能证明另一类模型是假的，因为事实无法证明其他事实是假的。它们只是反映了对待现实世界的不同方式。

人类可以做出自己的选择吗，还是说人类只是数学物理学的提线木偶？这是个很糟糕的问题，就像是在问音乐到底是和声还是旋律一样。

自由意志是法律和道德中的基本概念，而物理学在没有它的情况下同样取得了成功。如果从法律中移去自由意志，或是在物理学中注入自由意志，都会将这些学科搅得乱七八糟。完全没有必要这么做！自由意志和物理决定论是现实中具备互补性的两个方面。

互补性、思维的拓展以及对不同观点的容纳

我要用更简单的语言重申互补性的几个要点：

- 你需要解答的问题决定了你要用到的概念。
- 从不同的角度，甚至是不相容的角度对同一事物进行分析，可以为我们带来有用的见解。

因此，互补性实际上是一份邀约，邀请我们从不同的角度来思考问题。从互补性的角度来看，那些不熟悉的问题、事实和态度给了我们尝试新观点的机会，并从它们所揭示之事中学习。这可以促进我们拓展思维。

既然如此，那我们为何不把互补性也运用到艺术和科学之间的冲突、哲学和科学之间的冲突、两种不同的宗教之间的冲突以及宗教和科学之间的冲突中去呢？

从不同的角度看世界会给我们带来很多启发。

就我自己而言，小时候接触天主教的经历启发了我开始思考宇宙的奥秘，寻找隐藏在事物表象之下的意义。事实证明，即

使在抛弃了宗教严格的教条之后，这种求知的态度仍然保佑着我继续探索未知。现在，我还会经常回顾柏拉图、圣奥古斯丁、大卫·休谟的言论，或是伽利略、牛顿、达尔文、麦克斯韦那些"过时的"原始科学著作，我以这种方式与那些伟大的思想对话，并且尝试着用不同的方式进行思考。

当然，尝试理解不同的思维方式并不意味着你一定要认同它们，更不是说要接受它们作为自己的思维方式。在互补性的思想下，我们要保持超然的心态。那些独断专行地主张自己有权规定唯一"正确"的观点是什么的意识形态或是宗教，与互补性的思想是背道而驰的。

但就算如此，科学仍具有特殊的地位。它在许多方面的应用取得了非凡的成功，无论是作为理解的主体还是作为分析物理现实的方法，科学都赢得了显赫的名声。狭隘地给自己下定义的科学家无法开拓自己的思维，而回避科学的人也只会让自己的思维更加贫乏。

有关互补性的未来展望

准确性和可理解性

超级计算机和人工智能正在蓬勃发展，这会改变我们将要提出的问题，以及我们能够找到的答案的类型。

玻尔自己半开玩笑地提到了清晰的表达和真理之间的互补性。这有点儿过头了，因为像基本的算术这样的东西就是既清晰又真实的。

但是，一些成功的模型需要的计算超出了常人所能及的范围，而它们会导致类似玻尔所说的这种互补性产生，这是相当严重的。现在在国际象棋和围棋这两种曾经被视为人类智力巅峰的竞赛中，最棒的棋手是计算机。

我们有大量关于国际象棋和围棋的文献资料，伟大的人类棋手在这些文献中解释了他们用于组织相关知识的概念。但是作为这些领域现在的王者，计算机并不使用这些概念。人类的概念适用于在运用图像以及进行并行处理等方面拥有超强能力的大脑，不过人类大脑记忆力相对较弱，并且运行速度较慢。计算机可以开发出完全不同的概念，当然它们也可以发现对人类而言有效的概念。它们只需要自己和自己下很多很多盘棋并观察哪一种方法有效即可，换句话说，它们遵循从实践中学习的科学方法。

在量子色动力学，也就是我们的强相互作用理论中，科学家发明了一些概念来填补描述夸克、胶子的基本方程同最终出现在大自然中的那些更复杂的物体之间的差距。这些概念帮助我们人类的大脑理解了这些问题。然而，其实目前为止最有效的策略是用最少的指令将运算的工作交给超级计算机。

上述示例的特点就是清晰的表达（以及真理性），但是其中举例说明的基本现象很可能是普遍存在的，即思维机器能够发现并使用那些对于没有得到辅助的人脑而言不切实际的模型。

简而言之：人类可理解性和准确的理解是互补的。

谦逊与自尊

我认为，谦逊和自尊之间的互补性是我们基本原理中的核心理念。无论目标如何变化，它都是不变的主题。我们在浩瀚的太空中显得微不足道，但是我们的体内有大量的神经元，而构成神经元的原子当然就更多了。宇宙历史的跨度远远超过人类的一生，但这不妨碍我们有时间进行大量的思考。宇宙的能量超出了人类能够掌控的范围，但是我们有足够的能力去改造周围的环境，并积极地参与到其他人的生活中。世界很复杂，它神秘莫测、难以捉摸，但是我们已经对它了解了很多，并且还在学习更多。谦逊是必要的，但是自尊同样也是必要的。

自主、通用的人工智能（AI）可能还需要好几十年才能达到人类的水平。我们发展人工智能的决心不可动摇、进展不可阻挡，除非发生灾难性的战争、气候变化或是瘟疫，否则我们可能只需要一两个世纪就能达成目标。考虑到工程设备在思维速度、感知能力以及体力等方面具有先天的优势，智能水平的顶点将会从没有得到机器帮助的智人过渡到电子人和超级智能身上。

基因工程也有可能产生超能力生物。它们会比现在的人类更聪明、更强壮，当然我也希望并期待它们能更有同情心。

实际上，对善于思考的人类而言，意识到这些即将实现的可能性会让我们更加谦逊，不过我们也不能丢了自尊。在天才科幻小说家奥拉夫·斯塔普尔顿于1935年发表的小说《古怪的约翰》（*Odd John*）中有一段动人的描述，小说的主人公（他是一个因基因突变而获得超人智力的人）与他的朋友，同时也是一位传记作者（朋友是一个普通人）交谈时，深情地把智人描述为"灵魂的始祖鸟"[①]。

始祖鸟是一种高贵的生物，并且我认为它也是一种快乐的生物。飞行是一种令人兴奋的体验，它当然也可能有糟糕之处，但是我们人类从远古时代直至今天都不曾拥有这项能力。始祖鸟的荣耀不曾褪色，甚至还因为其后裔的光彩得到了增强。

---

① 始祖鸟是一种既有恐龙特征又有鸟类特征的物种，它将生活在地面的恐龙和我们今天在空中看到的鸟类联系到了一起。

后

记

万般最远途，唯有归家路

接受科学的基本原理并非易事。它们在教导我们的同时，也在挑战我们的思维习惯。最重要的是，它们拔高了我们对真正理解事物的期望。现在我们对于理解的期望非常高，以至于我们始终不满足于已经取得的理解。这就是约翰·R. 皮尔斯（John R. Pierce）那一番讽刺的含义，他说："我们对大自然的理解再也不可能像古希腊哲学家那样透彻了。"

科学的基本原理会破坏我们对已接受的信仰和传统智慧的信念，尤其是它让我们很难认真对待有关自然现象的神话故事。阿波罗驾着战车拉着太阳在天空中穿行，这个故事现在看起来简直荒诞不经。

这种破坏不仅仅会让我们对靠不住的神话传说心生怀疑，还会带来更加深远的影响。科学认识就像是一棵智慧树，它结出了丰硕而美味的果实[①]，我们一旦吃下这种果实就会对其他食物失去胃口。与科学无关的文献会显得过时，与科学无关的哲学是愚蠢的，与科学无关的艺术毫无意义，与科学无关的传统是空洞的，与科学无关的宗教自然也是荒谬的。在我十几岁时第一次醉心于现代科学的时候，我就是这么想的。

如果一个人接受科学基本原理的代价就是痛苦地缩小自己的世界观，那么很多人都会合理地认为这个代价太高了。值得庆幸的是，科学的基本原理并不要求你做出这么大的牺牲。

科学告诉了我们许多有关事物是什么样的重要事实，但它并没有断言事物应该是什么样的，也没有禁止我们想象事物别的样子。科学中包含美妙的思想，但它不会将这种美妙耗尽。它为我们提供了一种独特而富有成效的方式来理解物质世界，但它并不是一份完整的生活指南。

经过冷静的思考，我开始学会如何欣赏这些事实。随着时间的推移，我越来越深刻地感受到它们的真实性。

---

① 典出《圣经》。智慧树是伊甸园中的一棵"分别善恶的树"，上帝禁止亚当和夏娃食用这棵树的果实。二人在蛇的怂恿之下吃了果实，被上帝赶出伊甸园。——译者注

我们引言里的主人公现在从一个孩子长大成人，她可能会理解科学通过"激进保守主义"的方法得出的关于物质世界的基本结论。之后，她准备重新回到这段探索之旅的起点，凭借她现在掌握的知识重新审视这段现实世界中的旅途。从这个意义来说，她可以选择重生。

这不是一个十分顺利的选择，而是具有破坏性的。但是出于诚实的角度，这个选择是不可避免的。你已经在这本书里看到了支持科学基本原理的一小部分证据。这些证据势不可当、无可争辩，若要否认它们那就不诚实，若要忽视它们那就很愚蠢。

所以我们的主人公开始重新考虑将经验为内部世界和外部世界两个部分的划分。科学的基本原理教会了她很多有关物质是什么的知识。她知道，物质是由几种不同的基本成分构成的，我们对这些成分的性质和行为已经有了详细的了解。她从直接经验中知道，科学家和工程师可以利用这些知识做出令人瞩目的创造。她的苹果智能手机让她可以与来自世界各地的朋友即时交流，尽情地挖掘人类积累的知识，以及通过照片和录音从时间的洪流中抓住自己的感官世界。

她还了解到，那些她认定为其他人以及她自己的特殊物体，其实也是由构成了这个世界上其他东西的物质构成的。她现在可以自下而上地了解之前充满神秘感的有关生物的现象了，包括他们如何获得能量（新陈代谢）、他们如何繁殖（遗传）以及他们如何凭感官认识环境（感知）。我们现在已经相当详细地了解了分子（归根结底是夸克、胶子、电子和光子）是如何完成这些壮举的。这些就是物质遵循物理定律所能做到的复杂的事情，不多也不少。

这些理解并不会降低生命的地位，相反，这抬高了物质的地位。

在此基础上，采纳伟大的生物学家弗朗西斯·克里克所说的"惊人的假说"就是一种激进保守主义的做法，他认为人的全部意识活动"都只不过是一大群神经细胞及相关分子的集体行为"。事实上，这相当于把牛顿那种分析与综合的方法扩展到了大脑。神经生物学的实验人员一直在积极地遵循这一策略。尽管我们对大脑的工作机制还不完全了解，但是到目前为止，这个策略在数以千计的精确实验中还未遭遇过失败。从来没有人发现过生物有机体中存在一种与身体和大脑的常规物理活动分离开来的心智力量，哪怕是偶然的发现也没有过。即便是在最精细的实验中，物理学家和生物学家也从未考虑过周围其他人的想法会影响实验结果的可能性。目前看来，克里克的"惊人的假说"要是遇到失败，那才真的令人震惊。

认识到这一点之后，将经验划分为内部世界和外部世界就显得很肤浅了。对于婴儿来说，这种区分是一种有用的发现；对成人来说，这也是一种方便的经验法则。但是我们最透彻的理解就是，世界毕竟只有一个。一旦我们对物质有了深刻的理解，它们就能为我们的思想提供足够的空间。因此，物质也可以为思想所在的内部世界提供一个家园。

这个统一的世界观中既有庄严的简洁，也有奇异的美好。在这个世界里，我们不能把自己看作物质世界之外的独特对象（"灵魂"），而应该将自己视为动态、连贯的物质模式。这是一个陌生的视角，如果不是科学的基本原理提供了有力的支持，它甚至显得有些牵强附会。但是它具有真理的优点。一旦我们接受这个视角，它就能解放我们。阿尔伯特·爱因斯坦以信条的口吻说道：

> 人是被我们称为"宇宙"的这个整体的一部分，在时间和空间上都有限的一部分。他将对自我、思维和感情的体验都与世界的其他部分分割开来。这是一种意识的视觉错觉。这种错觉对我们来说就像是一种牢笼。

我一直在努力澄清一个事实：科学教会我们"是什么"，而不是"应该是什么"。一旦我们选择了某个目标，科学就可以帮助我们实现目标，但它不会替我们选择目标。

然而，在这本书的结尾，我想把我们的主人公所取得的统一的世界观和道德观念联系起来。这种联系不会成为科学证据，它的优点在于它是和谐的。

众所周知，道德观念会随着时间的推移而改变（在这里，我是从21世纪初美国文化的角度回顾过去）。人们根据经验和共识逐渐抛弃旧的观点，接受新的观点。因此，根据经验和共识来判断，可以说新观点就是对旧观点的改进。在古代，奴隶制被许多人视为理所当然，但它现在几乎受到一致的谴责，种族主义、性别歧视、民族主义侵略以及虐待动物也是如此。这一切发展的共同主旨是共情圈的扩大。随着观念逐渐进步，我们开始认为人和生物都具备内在价值，它们和我们自己一样值得深切的尊重。当我们将自己视为物质模式之后，我们会很自然地将自己的亲缘关系范围划得很大。

以下是爱因斯坦那段信条的后半部分：

（这种错觉对我们来说就像是一种牢笼，）使我们局限于个人的欲望，只对和我们最亲近的人怀有温情。我们的任务应是扩大同情心，去拥抱所有的生命和自然界中美好的一切，把自己从这个牢笼中解放出来。

这些解放和共情的任务与理解科学的基本原理不无关联，我们对科学的理解的确有助于我们实现这些目标。宇宙是一个奇特的地方，我们都身处其中。

在这份附录中，我收录了一些用于补充正文内容的材料的简短讨论。这些材料之所以被放在附录，是因为它们要么看似与讨论无关，要么对这本书的主旨而言技术性太强。

作为一种性质的质量

质量在粒子行为的两个方面起作用，即决定它的惯性和引力。物体的惯性体现了它阻碍运动状态变化的能力。因此，对于一个惯性很大的物体而言，除非它受到很大的力的作用，否则它将会倾向于继续保持以当前的速度运动。粒子的引力是它对其他粒子普遍施加的吸引力。粒子的质量越大，它的引力就越大。每种基本粒子的质量都有一个确定的值。不同种类的粒子质量通常不同。它们的质量似乎不符合任何简单的关系。许多物理学家试图解释基本粒子质量的观测值，但目前还没有人成功[1]。

包括光子、胶子和引力子在内的一些最重要的粒子质量为零。这并不意味着它们没有惯性，或者它们没有引力，事实上，它们是有的。我觉得有必要对这个悖论进行解释，根据我的经验，它经常会给爱思考的学生带来困扰。

质量决定惯性和引力，但它不是唯一的因素。特别地，运动的粒子与静止的粒子相比具有更大的惯性，产生更大的引力。相对论确实告诉我们决定惯性和引力的是能量，而不是质量。根据爱因斯坦著名的公式 $E = mc^2$ 可知，对于静止的物体来说，能量和质量是成正比的，所以在这种情况下二者可以互换，我们可以任选一个来表示惯性和引力。当物体移动的速度相对于光速来说很缓慢时，$E = mc^2$ 仍然近似成立。在这种情况下，我们说惯性和引力与质量成正比就不会出什么大错。

然而，对于速度接近光速的物体，$E = mc^2$ 的结果就大错特错了。当然这并不是说爱因斯坦犯了错误，而是应该使用同样由爱因斯坦提出的该公式更通用、更复杂的版本。更通用的公式表明光子携带能量，因此尽管它们质量为零，但是它们具有惯性和引力。

---

[1]　更准确地说，目前还没有人能成功地让别人相信他们已经成功了。

作为性质的荷

粒子的电荷决定了它参与电磁力的强度。我们已经在正文中探讨了这种力的本质，在这里我们关注作为基本粒子性质的电荷本身。

电荷的两个特点使得我们能够轻松愉快地处理它们。第一，电荷具备可加性，也就是说你只要把各个组成部分的电荷加起来，就可以计算出一堆物体的总电荷；第二，电荷是守恒的，这意味着在一个孤立的空间区域内无论发生什么，其总电荷都将保持不变。如果你把某样东西拿进去或拿出来，电荷就会改变；但如果你只是将某一区域内的物体重新排列或是聚作一堆，电荷不会改变。

可加性和守恒体现了直观的"物质"概念。它们能够累加，并且不会丢失，可以说是相当靠谱。

基本粒子的电荷遵循的规律，比质量遵循的规律更简单、更规则。许多基本粒子是零电荷的，而所有的非零电荷都是一个通用单位的整数倍[①]。电荷有正也有负。

前面提到，一个物体的电荷决定了它对电场和磁场的反应强度。还有另外两种荷，它们在很多方面与电荷类似，在其他基

---

① 这是电荷的第三个优点。物理学家认为电荷是"量子化的"，虽然这个说法有点儿让人摸不着头脑。

本相互作用中起着类似的作用。它们被称为色荷和弱荷。

物体的色荷决定了它对胶子场的反应强度。我喜欢说色荷就像吃了兴奋剂的电荷。决定了强力强度的色荷的单位大于电荷的单位，这就是强力的作用比电磁力更强的原因。不仅如此，色荷可以分为红、绿、蓝三种类型，并且能响应色荷的更是有8种不同的胶子。相比之下，电荷只有一种类型，响应电荷的粒子也只有一种，即光子。

如果说，支配现代电磁理论——量子电动力学（QED）的是麦克斯韦方程组，那么支配强力，即量子色动力学（QCD）的方程组系统就是麦克斯韦方程组的更大、更对称的版本。QCD是吃了兴奋剂的QED。

弱荷有两种，它们的单位略大于电荷的单位。弱荷在物理上的重要性只有在希格斯凝聚体的背景下才会变得清晰，如第8章所述。

变化粒子

我所说的变化粒子有两种，分别是W和Z玻色子以及希格斯玻色子，它们比质子重约100倍，并且非常不稳定。它们的大质量和不稳定性这两点暗示着它们都很难产生，寿命也很短暂。这两种粒子的产生和探测是近几十年来高能加速器工作的一项重大成就。中微子很轻，并且基本上都很稳定，但它们与普通物质（即由建筑粒子构成的物质）的相互作用非常微弱。下表是参照正文中类似的粒子结构表制作的：

	质量	电荷	色荷	自旋
中微子（3种）	小于 0.000 01	0	无	1/2
W粒子	157 000	1	无	1
Z粒子	178 000	0	无	1
希格斯粒子	245 000	0	无	0

虽然它们不是普通物质的重要组成部分，但这些粒子在自然界中扮演着至关重要的角色。它们参与了转变的过程，即所谓的弱相互作用，或称弱力。在自然界中，板块运动的动力以及恒星能量的来源是一些弱力过程中释放的能量，这种能量也使核反应堆和核武器成为可能。

中微子有三种，它们质量不同，发生的相互作用也有细微的区别。中微子都非常轻。正如上表所示，它们的质量与电子相比非常小，但是至少两种中微子（可能是全部三种）的质量不为零。由于它们既没有电荷，也没有色荷，因此中微子与普通物质的相互作用很微弱，这使得我们很难掌握与之相关的知识。当沃尔夫冈·泡利从理论上提出中微子的存在时，他并没有按照科学发现的惯例在学术期刊上发表论文，而是给一场核物理学会议发了一封诙谐的信，信中有这样的自责："我今天做了一件非常糟糕的事，提出了一种无法被探测到的粒子。任何理论物理学家都不应该做出这样的事情。"

但是实验人员建造并安装了巨大的探测器来应对泡利间接提出的挑战。现在，中微子物理学仍是一项兴旺繁荣的实验活动。我们在这一领域取得了很大的进展，中微子物理学让我们得以清晰地观察太阳的核心以及为超新星爆炸提供能量的剧烈转变。

对于希格斯粒子，我已在第8章对它进行了详细的描述，它是那一章的主角。

意外粒子

接下来我们要关注的这一组基本粒子，目前还没有人真正地知道它们是由什么构成的。意外粒子都是不稳定的。它们是在高能碰撞的碎片中被发现的，有的是在宇宙射线中（20世纪早期），有的则是在粒子加速器中（最近）。当我们于1936年发现第一个μ子时，著名物理学家I. I. 拉比（I. I. Rabi）用一句传奇性的玩笑问出了整个科学界的困惑："这是谁点的单？"

这些意外粒子的质量跨度很大，没有形成明显的规律，参见下表。

	质量	电荷	色荷	自旋
粲夸克（c）	2 495	2/3	有	1/2
顶夸克（t）	339 000	2/3	有	1/2
奇夸克（s）	180	−1/3	有	1/2
底夸克（b）	8 180	−1/3	有	1/2
μ子	207	−1	无	1/2
τ子	3 478	−1	无	1/2

这些粒子可以被分成3组。看看它们的性质你就会发现，粲夸克和顶夸克就是更重且不稳定的上夸克，奇夸克和底夸克是更重且不稳定的下夸克，而μ子和τ子则是更重且不稳定的电子。

我们的最后一种"基本粒子"的性质还在研究中。天文学家观察到，引力在许多情况下都比现有理论所能解释的还要大。这个差异并不小：为了得到观测到的引力，我们需要的质量是普通物质提供的质量的大约6倍。这就是所谓的暗物质问题，如第9章所述。

一个具有特定性质的基本粒子可以解决暗物质的问题，这种粒子可以为这些神秘的引力提供来源。观测到的事实大体上与这一解释保持一致，但它们并没有提供足够的信息来让我们确定粒子的关键属性，比如它的质量和自旋。

	质量	电荷	色荷	自旋
暗物质	未知	0	无	未知

欲知详情，请访问大教堂

粒子数据组（Particle Data Group）的网站是http://pdg.lbl.gov，它以充分的技术细节，记录并归档了我们对宇宙学和物质及其相互作用的基本理解的实验证据。这是一座科学的大教堂，由来自地球上每一个大陆的人组成的团队出于赞颂物理现实的目的，经历几代人的努力尽职尽责地建立起来。

QCD的本质：喷注

夸克和胶子之间的强力不仅会在微小的时间和距离间隔上变得微弱，还会因为能量和动量发生巨大的变化而变得微弱。这两种行为是渐近自由的两个方面，我们使用量子力学方程就可以从其中一个推导出另外一个。

能量和动量罕见的巨大变化会导致一种惊人的现象，这已经成为超高能相互作用的一个主要特征。这就是喷注（jet）现象，它揭示了QCD的本质。该现象以一种极其直观、可见的形式展示了夸克、胶子和它们之间的基本相互作用。

想一想，当质子内部的夸克突然受到外力冲击时会发生什么。这种外力可能来自一个电子的轰击，夸克脱离了自己习以为常的环境，获得了大量的能量和动量，然后离开质子。然而，孤立的夸克是无法持续存在的。它非零的色荷会干扰色胶子场的平衡，因此夸克会辐射出胶子，从而释放能量和动量。这些辐射出的胶子还会再次辐射出其他胶子，或是夸克和反夸克。这样一来，初始的刺激最终会留下一连串夸克、反夸克和胶子，然后它们又会凝结成质子、中子和其他强子。一般情况下，夸克、反夸克和胶子并不会单独出现，而是以组合在一起的形式（强子）出现。

这可能听起来很复杂，而且也确实很复杂。渐近自由带来了混乱的结构。由于涉及大量能量和动量转移的辐射极为罕见（这是根据渐近自由得出的结论），喷流中的所有粒子趋向于朝同一方向移动。最后，我们会在一个狭窄的锥形空间内观察到许多粒子的轨迹，我们将其称为喷注。因为能量和动量是守恒的，所以喷注中所有粒子的能量和动量加起来就是初始夸克的能量和动量。

喷注对物理学家来说是一份完美的礼物，因为它们编码了有关初始粒子能量和动量的信息，我们可以将喷注视为这些粒子的化身。尽管夸克和胶子本身并不能以孤立粒子的形式存在，但是它们通过这种方式变得不再难以捉摸。我们可以将对夸克和胶子行为的预测转化为对喷流的预测。由此，我们就可以借助喷流精确而详细地检验QCD的基本定律中对夸克和胶子的描述是否正确。喷流还让我们得以掌握其他涉及夸克和胶子的过程，其中既有此前已知的，也有仍存在于假设之中的。

一般情况下，实验人员的标准工作流程是报告他们所研究的反应中产生了多少夸克和胶子，它们的能量和角度的分布情况，等等。他们观测到的实际上是与这些夸克和胶子相关的喷注，但经过数千次成功的应用后，识别的过程已经成为模板化作业。从理论上讲，夸克和胶子这些被关禁闭的粒子永远不可能被单独观测到，物理学家刚发现它们时认为它们是一种只存在于理论中的奇怪的幽灵，而我们那些美妙的想法将它们变成了实实在在的现实，但不是以粒子的形式，而是喷注。

空间几何以及物质密度

广义相对论惊人地预测了空间的平均曲率、空间内物质的平均密度以及宇宙的膨胀率之间的关系。如果物质的总密度与某个临界值相等，那么空间将是平直的；如果密度大于该值，空间就会发生像球形的正弯曲；如果密度小于该值，它就会呈现像马鞍形的负弯曲。

目前，这个密度的临界值约为 10^{-29} 克每立方厘米，相当于每立方米中大约有 6 个氢原子的质量。这个临界密度远低于我们在地球实验室中能够制备的水平最高的"超高真空"的密度，不过它似乎与整个宇宙的平均密度相当接近。

天文学家可以使用我们在第 1 章中提到的那套流程的复杂版

本，以几何的方式测量空间的形状。他们还可以通过将普通物质、暗物质和暗能量各自的贡献相加来测量密度。他们发现空间非常接近于平直，密度非常接近于临界密度。这一结果与广义相对论的预测是一致的，而这会让我们倾向于认为，我们可以在广义相对论的框架之下理解暗物质和暗能量的奥秘。当然，我们也不需要对广义相对论进行修正。

万 物 原 理

解读本

悟互补而丰盛，浸沉思而重生

尹烨　华大集团CEO

　　顶尖的物理学家必须是深邃的思想大师，往往也是优秀的科普大师：爱因斯坦如此，薛定谔如此，费曼亦如此。本书的作者麻省理工学院教授弗兰克·维尔切克也是这样一位人物。除了精通物理学，他对音乐、美术、诗歌等艺术也有着深刻的了解。约五六年前，维尔切克教授就开始在《华尔街日报》撰写专栏文章，和大众交流自己在科学、艺术、教育等方面的见闻、感受和思考。这些文章一般都比较短小，有的是他在生活里的灵光闪念，有的则紧扣时事，甚至会大开脑洞。在为诺奖相关的活动做准备而搜索资料时，我就对他一篇名为《要不要设立一个反诺贝尔奖？》的专栏文章印象深刻。他的思考内容和行文风格，我们

从这个标题就能看出来个大概了。

在《万物原理》这本书里，他也说，这本书一开始只是一份阐述，他想要总结一下我们这个现实世界的基本原理，但后来，这本书的内容开始升华，"发展为一种沉思"。他在重新审视写作材料时，两个包罗万象的主题涌现在他的眼前，清晰且深刻，这两个主题他称为"丰盛"（abundance）与"重生"（born again）。他希望读者在阅读这本书的时候，能够获得和他一样的体验：犹如重生的思维旅程。

我业余时间也在做一些生命科学的科普工作，深刻感受到，对于科普写作来说，要同时做到简洁、凝练、准确，还能够对读者有启发，其实是相当考验写作者水平的。但就我的阅读体验来说，《万物原理》这本书并不是一本传统意义上的物理学科普，它的确是一份沉思之作，让我能够看到一位当代顶尖理论物理学家头脑中对于我们的现实世界、对于宇宙万物、对于人类未来发展，乃至对于人类思维本身的深刻思考与总结。其中，他提到的互补性令我印象深刻。

互补性是一种对待经验和问题的态度，维尔切克教授说，互补性改变了他的思考方式，让他变得更强大，想象力更加开放，也更加兼收并蓄。他提倡互补性思维的背景是，除了物理世界存在的种种二元性之外，我们人类同样被二元性裹挟着。正如菲茨杰拉德《了不起的盖茨比》中的名句："同时保有两种截然

相反的观念还能正常行事，这是第一流智慧的标志。"所以，我们应当时刻把握互补性原理，从而更平和地接受这个并不完美的世界，并和人类群体取得共情。

维尔切克教授所举的例子包括量子理论中的经典案例"测不准原理"，即微观粒子位置和速度的互补性：我们无法同时得到微观粒子的位置和速度，因为它们分别要对波函数进行不同的处理。这种限制并非来自测量仪器的局限性，而是对我们所能掌握的信息的根本限制。而互补性还有另一个用途，那就是因地制宜地选择模型。在复杂的系统中，描述模型可能有很多种，当某一种过于复杂而无法使用的时候，我们也许可以用一个互补的模型来解答问题。这种类似"打比方"的方式的互补性，对于我们实际生活实践来说相当有用。他提醒我们，从不同的角度甚至是不相容的角度分析同一个事物，可以带来有用的见解。无论是渐进性思维、颠覆性思维还是根本性思维，都是通往罗马的不同之路，可以帮助我们在生活和工作中找到更好的答案。

在书的最后，维尔切克教授提醒我们，科学或许能告诉我们"是什么"，但不能告诉我们"应该是什么"。科学或许可以帮助我们实现目标，但科学不会替我们选择目标。联想到生命科学领域发展至今，摆在我们面前的一些伦理问题，如何确保"科技向善"变得极其重要，这也提醒相关科研工作者们要更加重视和规范自我。

我在多个场合都表达过我对人类社会未来发展的乐观与开放，就是因为我相信人性中自有善良天使。科学发展到现今，在生命伦理的绝大部分方面，已经有了共识的约束规则，以避免研究者触及科研的禁区。但已知圈越大，未知圈也越大，对于自然与未知，我们应保有敬畏之心。未来是不确定的，也正因此充满无限可能。对未知怀有敬畏之心，守住底线推动技术进步，是迎接未来的应有心态。如书中所提，人类和地球上其他生物的基因组是另外一个巨大而无意识的知识宝库，但唯有保持谦逊和自尊才可使人类行稳致远：见天地，见众生，见自己。

　　是为解读。

万物之理：由简而繁生生不息

吴飙　北京大学物理学院教授

如果你书架上有一本霍金的《时间简史》，那你的书架上也应该有一本《万物原理》，2004年诺贝尔物理学奖得主弗兰克·维尔切克的新书。这是一位科学大师的科普杰作，值得每个人细读和珍藏。

16世纪中叶，近代科学开始萌芽。在开普勒、伽利略等前人工作的基础上，牛顿在1687年发表了《自然哲学的数学原理》，建立了人类历史上第一个科学理论。自此，科学迅猛发展，人类文明在日新月异的技术推动下不断加速前进。在空间上，人类的探索从太阳系扩展到了星系、星云和整个宇宙，也从伽利略几厘米大的滚球聚焦到了小于10^{-15}米的基本粒子。在时间上，

人类既能描述138亿年宇宙的演化，也能追踪寿命只有10^{-22}秒的希格斯粒子。人类发现纷繁复杂的大千世界只是由少数非常简单的基本粒子构成，按照少数基本的物理规律运行。这种认识不但体现了大自然的美与和谐，而且赋予了人类广阔的创造空间：人类最精确的时钟在138亿年（宇宙的寿命）中误差不会超过一秒，人类能指挥10^{20}个电子在1秒钟内完成10多亿次运算。

如果在全世界范围寻找一个人，让他为我们描述这些伟大科学成就，阐述这些成就背后的方法和原理，以及对人类社会的影响，维尔切克教授绝对是毫无争议的最佳人选。这里没有漏掉"之一"，他就是最佳人选。维尔切克教授因为粒子物理方面的成就获得诺贝尔奖，但是他的研究范围非常广泛，涉及物理学的各个重要领域：从宇宙学到原子分子物理，从凝聚态物理到量子计算。维尔切克教授视野开阔，除了物理，他也时刻关注着数学、生物和计算机等领域的进展。他对艺术和哲学也有非常浓厚的兴趣，并且相当熟悉和了解。

在《万物原理》中，维尔切克教授用他优美而通俗的文笔，先从八个方面介绍了人类已经取得的科学成就：空间、时间、物质的构成、万物运动的规律、材料和能源、宇宙的演化、复杂性的出现、感知能力的扩展，然后描述了人类当前面临的科学难题，比如暗物质和暗能量。在这些介绍之前，维尔切克教授向读者发出了预警：科学揭示，"宇宙是一个奇怪的地方"，它和婴儿

或者科学诞生之前的人类建立的关于世界的经验模型全然不同。为了理解和发现自然的奥秘，我们必须学新弃旧，在思维模式上"重生"。

《万物原理》的内容比《时间简史》更丰富、更精彩，它不仅讲述了神奇的科学，还讨论了科学和社会各个方面的关系。即使讨论相同的话题，维尔切克教授的视角也比霍金更宽广，更贴近我们的生活。比如，《万物原理》最后讨论了海森堡的不确定性关系，这也是《时间简史》中的一个重要话题。玻尔将不确定性关系提升为量子力学中的互补原理，维尔切克教授则认为互补原理远远超越了量子力学，甚至超越了科学，广泛存在于艺术和社会生活中。维尔切克教授写道，"互补性是一份邀约，邀请我们从不同角度思考问题"，"狭隘的……科学家无法开拓自己的思维，回避科学的人只会让自己的思维更加贫乏"。

如果你充满了好奇，想了解迄今为止科学家已经揭示了多少物质世界的奥秘；如果你一直专注于一个科技方向，想知道整个科学的发展现状；如果你充满了迷茫，不知道飞速发展的科技和强大的人工智能会把人类带向何方……如果是这样，那么2004年诺贝尔物理学奖得主弗兰克·维尔切克的新书《万物原理》是你最佳的选择。

如果你的书架上有一本霍金的《时间简史》，那你的书架上也应该有一本《万物原理》；如果你的书架上没有霍金的《时间

简史》，那你的书架上更应该有一本《万物原理》。

最后，希望读完《万物原理》后，你会被书中维尔切克教授对人类未来充满的乐观和希望所感染：科学不但能揭示自然的奥秘，而且也能让自然成为一棵生机勃勃的大树，为人类提供取之不尽的资源。根据维尔切克教授的估算，一个人一生中可以有10亿个想法，科学和社会的发展需要每一个人充分利用这10亿次思考的机会，协作共进。零和竞争的胜利者得到的只是一个很快就会干涸的池塘。

宇宙：一本读不完的书

苟利军　中国科学院国家天文台研究员

回想一下，最近一次让你激动的事情是哪一件？现代人的生活有着太多的压力，能够真正让自己内心开心激动的事情还真不多，不过看到这本书的时候，我的内心却真的感到了那么一丝难以压抑的激动：文字简洁而又不失深度，朴素又不失优美。这就是由物理学家、2004年诺奖得主弗兰克·维尔切克教授所写的《万物原理》。

从伽利略起，科学家们借助各种设备，观察大至头顶的星空，小到微观的世界，所看到的事物越来越多，也越来越纷繁复杂。认识复杂事物背后的原理是物理学家孜孜以求的目标，而简洁则成为物理学家对物理原理的衡量标准之一。

爱因斯坦广义相对论的场方程就是一个例子。它的一边描述了质量如何让时空变形，另外一边则描述了天体如何在弯曲变形的时空中运动，小至单个天体，大至整个宇宙，都被纳入了这样一个简短的方程中，这就是简洁的魅力。爱因斯坦的另一个公式更是让人感受到了简洁的美，那就是 $E = mc^2$，能量和质量两个本来看似没有联系的物理量被联系到了一起，让我们看到了大自然中更深层次的联系。这些事例或许距离我们的生活过于遥远，但相信每一个参加过高考的考生都有过在"题海战术"之后，终于掌握了隐藏在纷繁复杂现象之后的物理内涵的经历。或许你对顿悟物理规律的那一刻内心所产生的欣喜依然记忆犹新。那一刻，是阿基米德在浴缸中悟到浮力原理的心情，也是爱因斯坦得知广义相对论被日食现象验证时的狂喜。不管是我们生活的地球，还是遥远的宇宙，都可能由同一个物理学道理来主宰，至简的大道让我们感叹自然界和宇宙的奇妙。也正是因为如此，爱因斯坦曾经说过，宇宙是可以被理解的。

　　公式方程的简洁与生俱来，但文字内容要想简洁且清晰却是难之又难，这要求写作者自己对于所描述的事物有着深刻的理解，并且对语言文字有很好的掌控能力。这本书的作者弗兰克·维尔切克就兼具这两种能力，他不仅对于掌控我们整个世界运行的物理规律有着很好的理解和认识，而且擅长写作，阐释清晰到位且富有表现力。

在这本《万物原理》中，读者可以跟随作者一起，穿透纷繁复杂的宇宙，看到隐藏其后的基本组成部分和基本物理规律，在感受宇宙美妙的同时，探寻认识世界现状和探索宇宙的方法。正如维尔切克在导言中所述，他选取了宇宙间最基本的一些原理，从不同的角度阐释和证明了相关的主题。这本书主要分为两部分，第一部分讲述了世界有什么，从我们最熟悉的空间说起，讲到时间，然后讲述了宇宙中的组分，再到宇宙所遵循的一些基本定律和其中的物质和能量。但宇宙在简单之外，还有着很大的复杂性，并且存在着很多待解的谜团。所以在这本书的第二部分，作者就选取了复杂性和存在的一些谜团等多个主题进行了叙述。

正如作者所说，宇宙是一本读不完的书。浩瀚宇宙，万理至简，人类的好奇心一直在拓展着人类视野，宇宙则为人类提供了汲取知识的广阔实验室。也正如导言结尾所言，"一沙一世界，一花一天堂。无限掌中置，刹那成永恒"。愿读者能够从《万物原理》这本书中理解宇宙间的一些最基本的原理，同时也能够从大师的笔触中欣赏到宇宙的优美。

万物之理，至简至美

郝景芳　科幻作家，童行书院创始人

如果你想了解有关我们这个世界万事万物的原理，这一本书是最好的开端。作者毫无疑问对我们这个世界、这个宇宙的基本运行规律有着深刻的理解，因此能把很多复杂的问题用极为俭省的文字梳理清楚。很少见到有人能用如此清晰扼要的文字讲清楚时间的本质是什么、广义相对论讲了什么、宇宙是如何形成的，如果你也对这些问题感到好奇，千万不要错过这本书。

更重要的是，作者时时处处体现出他深刻的思考。无论是对于"激进的保守主义"这种推动科技革命的最根本力量的解读，还是对于"什么是宇宙最基础的原则"的思考，抑或是"互补性原则对人类思维的意义"，作者的思考都给人耳目一新的感

觉，让人深思之后，收获良多。这些思考不仅可以更新人对这个世界的认知，更能给一个人的日常工作和生活带来莫大助益。

这本通俗易懂又蕴含着大哲理的好书，值得反复阅读，推荐给大家！

"第一性原理"的原理

喻颖正　未来春藤CEO，公众号"孤独大脑"作者

这是一本写给聪明普通人的神作，关乎万物之谜，和人类命运。

作者弗兰克·维尔切克教授试图给出一个"大一统"的体系，帮助我们理解这个世界的基本原理。对科学家而言，这种尝试极其冒险，因为不仅考验水平，还需要"我满不在乎"的勇气。就像学界泰斗克里克，他因发现DNA（脱氧核糖核酸）双螺旋结构而获得诺贝尔生理学或医学奖，功成名就之后才敢在《惊人的假说》里大胆探讨"意识到底在哪儿"这类问题。维尔切克教授作为诺贝尔物理学奖得主，同样有资格任性地带着我们一起坐一趟"宇宙过山车"。

有人说，物理学家是一位对客观事物有感觉的科学家。这本书中几乎没有出现公式，作者用一种"打通"的方式，为读者绘制出横跨历史与学科的大物理蓝图，其间既有令人称叹的普遍原理的简洁性，又有涌动着想象力的丰富性。只有科学大家才能如此融会贯通：古希腊哲学家、天体力学、牛顿、爱因斯坦、时间反演、希格斯粒子、暗物质，还有神经元、自由意志、随机性、复杂，以及太阳能、人工智能、人类对世界的感知（元宇宙），这些耀眼的思想珍珠，被轻盈而流畅地串在一起，有上帝视角，也有智慧的细节。

在当今这个充满了不确定性的时代，人们越来越沉迷于夹层解释，并陷入各种虚无主义之中。在人类事务里，那些向下兼容的世俗智慧被过度高估了。本书能够让我们更加深刻地理解科学的"第一性原理"。作者尤其强调，基于经验法则的技术让人类在相当长的岁月里几乎只是原地踏步，直至科学方法出现。

我喜欢这本书里的哲学思考与思维方式，从实用主义的角度看，这些内容也值得追求成功的诸君一看。曾有人嘲讽说："物理学家要接受在做出决定之前进行调查的训练。律师、广告商和其他人则被训练成去做恰好相反的事：为证实已经做出的决定寻找资料。"显然，"成功者"需要物理学的思维训练。

埃隆·马斯克所喜欢的"一种好的思维框架"，说的就是物理学的思维方式：将事情缩减至其根本实质，跳出过于简化的类

致
谢

在我的一生之中，父母、家人、老师、朋友都给予了我数不尽的支持，我无法一一提及。不过，我尤其应该感谢纽约市公立学校系统对我的帮助。

阿尔弗雷德·沙皮尔、吴飙、托马斯·乌隆以及帕蒂·巴恩斯阅读了这本书的草稿，并给出了宝贵的建议。我与克里斯托弗·理查兹以及伊丽莎白·弗朗这两位编辑密切合作，并且得到了企鹅出版社中许多其他人的帮助。约翰·布罗克曼、卡廷卡·马特森以及马克斯·布罗克曼在这个项目中一直给予我鼓励，并且帮助我完成了它。